RESEARCH ON
GROUNDWATER ENVIRONMENT
OF UZHUMQIN GRASSLAND
IN INNER MONGOLIA

张燕飞　刘铁军
吴俊超　陈勇峰◎著

内蒙古乌珠穆沁草原
地下水环境调查研究

河海大学出版社
HOHAI UNIVERSITY PRESS
·南京·

图书在版编目(CIP)数据

内蒙古乌珠穆沁草原地下水环境调查研究 / 张燕飞
等著. -- 南京：河海大学出版社，2024. 11. -- ISBN
978-7-5630-9374-8

Ⅰ. P641.8

中国国家版本馆 CIP 数据核字第 2024B4T106 号

书　名	内蒙古乌珠穆沁草原地下水环境调查研究	
	NEIMENGGU WUZHUMUQIN CAOYUAN DIXIASHUI HUANJING DIAOCHA YANJIU	
书　号	ISBN 978-7-5630-9374-8	
责任编辑	卢蓓蓓	
特约编辑	朱　贝	
特约校对	李　阳	
装帧设计	林云松风	
出版发行	河海大学出版社	
地　址	南京市西康路 1 号(邮编:210098)	
电　话	(025)83737852(总编室)　(025)83786934(编辑室)	
	(025)83722833(营销部)	
经　销	江苏省新华发行集团有限公司	
排　版	南京布克文化发展有限公司	
印　刷	广东虎彩云印刷有限公司	
开　本	718 毫米×1000 毫米　1/16	
印　张	11.5	
字　数	200 千字	
版　次	2024 年 11 月第 1 版	
印　次	2024 年 11 月第 1 次印刷	
定　价	78.00 元	

前言

　　饮水安全是重大、重要的民生问题，关系到每个人的健康和生命安全及社会稳定。我国政府对大众饮水安全高度重视，2005年，国务院办公厅发布了《关于加强饮用水安全保障工作的通知》，2015年4月国务院发布实施《水污染防治行动计划》，2021年水利部联合发展改革委、财政部、人力资源社会保障部、生态环境部、住房城乡建设部、农业农村部、卫生健康委、乡村振兴局等有关部门印发《关于做好农村供水保障工作的指导意见》，2023年水利部印发了《关于全面开展农村饮水问题排查整改 巩固提升农村供水保障水平的通知》，要求各级水行政主管部门强化农村供水水质保障，深入实施水质提升专项行动，规范水质自检，加强水质巡检，全面完善供水水质巡检制度，切实解决好群众身边的饮水问题。

　　我国的草原牧区分布在北部和西部的边疆和少数民族聚居区，主要包括内蒙古、西藏、青海和新疆等13个省（区）。草原牧区的生态系统特征为开阔的草地、稀疏的树木，主要植物是适应干旱或半干旱条件的植被。这些区域通常是重要的农牧业生产区，放牧牛、羊和马等家畜是农牧民主要生活方式。随着近些年牧区的快速发展，草原水量、水质以及水生态问题也受到越来越多的关注。2012年我国开始实行最严格水资源管理制度，牧区用水需求和用水过程管理更为严格，地下水量问题有了明显改善。但是关于地下水环境和地下水生态相关管理及研究还并不全面系统。我国边疆牧区往往地广人稀、交通不便、经济较为落后，在这些地区大范围采集地下水样品进行分析测试是一项艰难且成本高昂的工作，即使到现在一些牧区仍然没有针对地下水开展系统的水环境分析测试。地下水是我国边疆牧区生产和生活的主要水源，特别是在气候变化以及人类活动的扰动下，地下水环境的特征及变化对于地下水资源的可持续利用和环境安全保护至关重要。

乌珠穆沁是蒙古族的一个部落，由达延汗曾孙翁衮都喇尔掌管，后境域变迁逐渐发展为如今西乌珠穆沁和东乌珠穆沁两个旗，总面积约 7 万 km²，是锡林郭勒大草原水草最为丰美的草原。乌珠穆沁草原长期以来缺少地下水环境相关的系统调查，特别是对于广大分散取用水的牧户，完整按照国家地下水环境相关标准开展的水质调查分析少之又少。从区域地形地貌以及水文地质条件来看，西乌珠穆沁旗是东乌珠穆沁旗上游，不论是地表水还是地下水，均由西乌珠穆沁旗流向东乌珠穆沁旗。西乌珠穆沁旗水质的好坏对东乌珠穆沁旗水质有着重要影响。鉴于此，我们重点针对西乌珠穆沁旗的地下水环境的 37 项指标开展了样品采集及分析测试，对于一些超标指标的空间分布以及形成原因进行了厘清，力求系统全面掌握旗地下水水质状况及水污染成因，为乌珠穆沁草原水安全保障提供依据。

本书的出版得到了内蒙古自治区科技成果转化专项资金项目（编号：2021CG0012）以及西乌珠穆沁旗水环境调查等项目的支持。项目野外调查以及数据整理部分主要由纪刚、冯雅茹、韩振华、焦瑞、秦颖、王瑾、敖臻妍、韩福彪、娜仁格日勒以及李妍等人完成；区域地质、水文地质特征以及区域水循环规律等由张文杰、王馨竹、钱宏宇等人完成；水化学环境特征以及污染成因分析由张燕飞、刘铁军、梁文涛、徐晓民、李紫晶、李凯旋等人完成。本书在调研以及编写过程中召开了多次研讨，同时参考借鉴了大量前人文献资料，限于篇幅无法一一列举相关人员，在此致以诚挚感谢。

由于地下水环境系统受到降水蒸发等气候因子、水分迁移循环关系、水岩作用、尺度效应以及人类活动等多种因素的叠加影响，同时一些检测或者研究方法手段也存在一定不足，加之我们的科学认知有限，因此书中难免存在疏漏，敬请批评指正。

目录

第 1 章

乌珠穆沁草原概况

1.1 自然地理

清代以前的乌珠穆沁草原是蒙古部落游牧生活的地方,没有明确的境域界线。建制沿革至今,乌珠穆沁草原划归东、西乌珠穆沁旗管辖。本次重点调查的西乌珠穆沁旗(简称西乌旗)位于内蒙古锡林郭勒盟东部,大兴安岭北麓,西、北两侧分别与锡林浩特市和东乌珠穆沁旗接壤,东与通辽市相邻,南与赤峰市交界。地理位置介于北纬 $43°52'\sim45°23'$ 与东经 $116°21'\sim119°23'$ 之间,南北宽 $145^{①}$ km,东西长 250 km,总面积 2.24 万 km^2。

西乌旗草地畜牧业历史悠久,《史记·匈奴列传》对该地区有"逐水草迁徙""随畜牧而转移""能骑羊引弓射鸟鼠"的游牧记载。清代以前北方各部族在西乌旗境内游牧生活,尚未划定明确行政界限。二十世纪五十年代末期经国务院批准设立西乌珠穆沁旗,之后经历数次行政区重新划分以及基层苏木建制,最终形成如今辖 5 个镇(巴拉嘎尔高勒镇、巴彦花镇、浩勒图高勒镇、吉仁高勒镇、高日罕镇)、2 个苏木(巴彦胡舒苏木、乌兰哈拉嘎苏木)、93 个嘎查的行政区划格局。

西乌旗是目前世界上温带草原中原生植被保存最完整、草地类型最多、生物多样性相对密集、饲用植物极为丰富的天然草原区(鲁文竹,2008)。历史时期西乌珠穆沁旗人畜饮水经历了 4 个阶段,分别为自然饮水、土井饮水、筒井饮水、基本井饮水。基本井主要是机械凿取水量和水质相对稳定的浅层地下水和承压水,在干旱季节也能正常供水的取水工程,能够改善缺水及供水不足牧区人畜饮水,在草原建设和畜牧业的发展中有积极的作用。主要根据草场承担的实际载畜量和畜群特点,决定牧区供水基本井应控制的草场面积和牲畜头数及饮水半径,达到"适时、足量、稳定"地供水,且避免其周围草场退化,使得水、草、畜三者有机配合。

西乌旗地下水水质不佳,存在氟、铁、锰、硫酸盐、溶解性总固体等多项因子超标的情况。以有毒有害的氟为例,由于西乌旗处于一条从东北经华北至西北的富氟的化学地理带之中,特别是部分浅层地下水由于排泄不畅,蒸发强烈,水中矿物质被浓缩后含量增高,造成境内很多水井多为苦咸水和高氟水。根据《锡林郭勒盟水利志》记载,西乌旗氟斑牙患病率为 60.19%,氟骨症患病率为 0.18%。

---

① 全书因四舍五入,数据存在一定偏差。

1.2 气象条件

西乌珠穆沁旗地处中纬度内陆地区,属中温带干旱、半干旱大陆性气候。由于深居内陆,大兴安岭山地阻挡了夏季季风的深入,冬季受强大的蒙古高压—西伯利亚冷高压的控制,大气运动在西风带环流中。在这种大背景气候下,西乌珠穆沁旗的气候表现出:春季风多干旱、春暖骤升,夏季温热雨多,秋季凉爽霜雪早,冬长寒冷冰雪茫的特点。

根据国家基本气象站建站以来的逐日气象数据,1955—2022 年间研究区多年平均降水量为 337.7 mm。从空间分布来看,西乌旗东南部年平均降水量大于 400 mm,西北部年平均降水量小于 300 mm。年内夏季降水量占全年降水量的 67.0%,其次为秋季和春季,冬季降水量最小(详见图 1.2-1)。

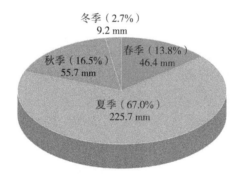

图 1.2-1 研究区季节降水量变化特征图

1955—2022 年间西乌旗多年平均气温为 1.7℃,最大年均气温出现在 2007 年,为 3.47℃;最小年均气温为 1956 年的 -1.03℃。年内气温大体呈抛物线形式变化,7 月达到最高,12—次年 2 月最低,这与月降水变化相似,属于典型的雨热同期现象。

年内风速呈波状变化形式,其中,4—5 月和 12—次年 1 月是年内两个风速的高值期,7—8 月风速偏小,属于低值期。从空间分布来看,东南部风速高于西部。

受降水、风速及气温等因素综合影响,年内空气相对湿度变化特征也较为复杂(图 1.2-2)。具体而言,春季降水稀少,但风速最大,导致这一季节空气干燥,相对湿度最低,夏季雨热同期而至,空气湿度迅速升高。7 月是西乌旗年内蒸散发最为强烈的时期,其次为 8 月,再次为 6 月。因此夏季(6—8 月)是西乌旗水分自然损耗最严重的时期。

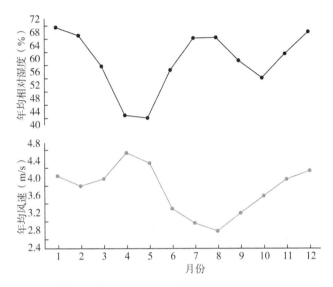

图 1.2-2 研究区年内气候因子变化特征图

西乌旗多年平均水面蒸发量为 1 550 mm 左右,空间上明显具有东南高、西北低的特点(图 1.2-3)。从实际蒸散发量来看,西乌旗东南部年降水相对较

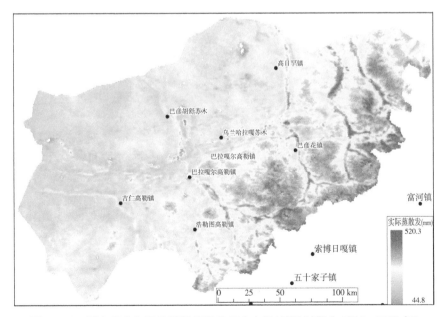

图 1.2-3 西乌旗多年平均蒸散发量空间分布图(统计时期为 2001—2022 年)

大,土壤湿度高,且存在林地以及草地植被覆盖度较高导致植物蒸腾作用强的现象;而西乌旗西北部气候更为干旱,且沙地与低植被覆盖区多,土壤蒸发在蒸散发过程中所占比例增加,呈现潜在蒸散发能力强、但是实际蒸散发量不高的局面。通过趋势分析可知,西乌旗年平均气温呈递增趋势,而风速则呈递减趋势。气温升高,有利于水分蒸发,对流域地表和地下水资源而言具有一定负面作用,虽然年均风速显著减少,但由此导致的蒸发减弱不足以完全缓解气温升高等因素给水资源带来的负面影响。

1.3 地形地貌特征

西乌珠穆沁旗地处大兴安岭南缘西北侧的内蒙古高原,海拔在 850～1 957 m,境内最高点为东南部的古日格斯台乌拉,海拔 1 957 m。最低点在西北部的查干淖尔附近,海拔 850 m。西乌旗地势总体特征是东南高、西北低,由东南向西北倾斜,地貌类型以基岩山地、低山丘陵、高平原、沙丘沙地为主。

基岩山地主要位于西乌旗东南部,由大兴安岭支脉苏克科鲁山地构成,海拔高程在 1 200 m 以上,基岩山地区形态复杂、峰高谷深、山峦叠嶂、地形险峻,山谷泉水溪流众多,本旗河流大部分发源于此。

低山丘陵区属基岩山地区与高平原过渡区,形态零乱破碎,无一定走向,起伏平缓,海拔在 1 100～1 200 m。

高平原主要分布在西北部和南部,海拔在 935～1 100 m。地形平缓,略有起伏,丘顶圆浑,宽谷洼地十分发育。

沙丘横贯本旗中西部,长约 150 km,宽约 10～15 km。此外还有大小不等、零星分布的沙斑块。详细地貌类型见表 1.3-1 及图 1.3-1。

表 1.3-1 西乌珠穆沁旗地貌特征表

地貌类型	面积(km²)	比例(%)
山地	6 185.79	27.57
丘陵	4 987.63	22.23
平原	9 482.67	42.27
沙地	1 778.41	7.93
合计	22 434.50	100.00

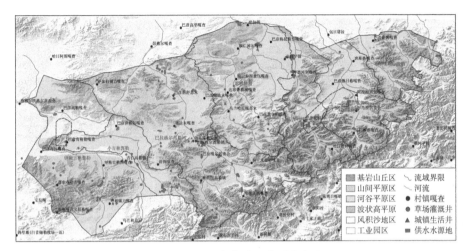

图 1.3-1　西乌旗地貌类型分布图

1.4　土地利用及覆被变化

目前国内外关于土地利用类型的数据分析形式主要是利用遥感解译以及地面验证相结合的手段,按年度进行制作,但图像处理和成果数据发布之间往往有较长的滞后期。谷歌公司发布的 Dynamic World V1 是基于半监督深度学习手段(semi-supervised deep learning)对空间分辨率为 10 m 的哨兵-2 影像(筛选云覆小于 35% 影像)进行土地利用分类的近实时数据集(Brown 等,2022)。其多样化的训练和评估数据集来自 2017 年的 MCD12Q1 土地覆被数据,美国和巴西分别采用了分辨率更高的 NLCD(National Land Cover Database)2016 和 MapBiomas 2017 产品来代替 MCD12Q1 产品。模型训练采用全卷积神经网络(Fully Convolutional Neural Network,FCNN),分类结果与已有的其他开放的全球土地利用产品有很好的一致性,并且该分类结果具有更好的空间分辨率和时间分辨率。本次研究对比了项目区 2019 年 Dynamic World V1 数据与当地第三次全国国土调查成果,二者具有很高的相关性(相关系数大于 0.87)。因此通过 2022 年 Dynamic World V1 数据来反映研究区土地利用现状,详细结果如表 1.4-1 所示。

表 1.4-1　研究区土地利用分类组成

序号	土地类型	面积(km²)	占比
1	裸地	857.40	3.8%
2	城镇	118.75	0.5%
3	草地	18 132.54	80.9%
4	林地	456.20	2.0%
5	灌丛	2 790.93	12.5%
6	水体	44.18	0.2%
7	总计	22 400.00	100.0%

从上表可知,西乌旗土地面积广袤,但是土地利用类型相对简单。草地以及灌丛二者的面积占到全旗面积的 93.4%,其次为占比 3.8% 的裸地。研究区裸地主要为乌珠穆沁沙地的组成部分。沙地分布在冲积平原上,以固定、半固定沙丘为主,多系沙垄—梁窝状沙丘,相对高度 5~15 m。在主风向的迎风向斜面上,由于强烈风蚀作用形成的风蚀坑较明显,地面组成为沙、砾和黏沙土混杂堆积。部分煤矿开采区也划分到裸地中。西乌旗林地主要分布在大兴安岭北麓,城镇主要分布在中部以及东部。

西乌旗西部和中部地带性土壤为栗钙土,植被类型为典型草原;东部地带性土壤为黑钙土,植被类型为草甸草原。非地带性土壤有草甸土,分布于河流两岸阶地、河漫滩、丘间谷地。盐土零星地分布于沿河平原、丘间或台间封闭洼地及湖盆低地。各类风沙土是沙地境内的主要非地带性土壤,植物有贝加尔针茅、大针茅、羊草、糙隐子草、线叶菊等,草群中含有大量的中生、旱中生杂草类,是内蒙古优良的天然牧场。

依托 Landsat 8、Landsat 9 遥感影像的近红外和红波段对 2013—2022 年夏季西乌旗植被绿度(NDVI)进行趋势检验,研究人员发现 2018 年之前全旗平均 NDVI 无显著差异,2019 年开始全旗 NDVI 明显升高,详见图 1.4-1,这与 2018 年西乌旗年降水量达到 499.8 mm,其中 7 月降水 271.2 mm 相关。从空间分布来看,西乌旗西部以及东部部分地区在近十年内都出现了显著增加(MK 检验,Z 值大于 1.95),显著增高的植被面积约为 0.25 万 km²,占西乌旗总面积的 11%。NDVI 显著减小的植被面积约为 5.42 km²(MK 检验,Z 值小于 -1.95),主要分布在城镇周边以及河湖萎缩岸滩。其他大部分土地的 NDVI 没有显著增加或者减小趋势($\alpha = 0.05$),在气象等因素驱动下处于波段变化状态。

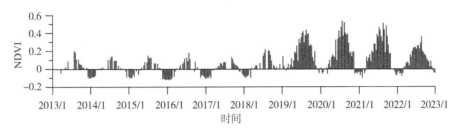

图 1.4-1 西乌旗 NDVI 变化特征图

1.5 河流水系

西乌旗地处大兴安岭北麓,地形南高北低。旗内主要河流水系均发源于大兴安岭,由南向北流动。西乌旗主要河流由西向东依次为伊和吉林郭勒(大吉林河、小吉林河)、巴拉嘎尔河(巴拉格尔河)、高日罕河、彦吉嘎郭勒(彦吉嘎河)、宝日格斯台河以及敖仑套海,详见图 1.5-1。

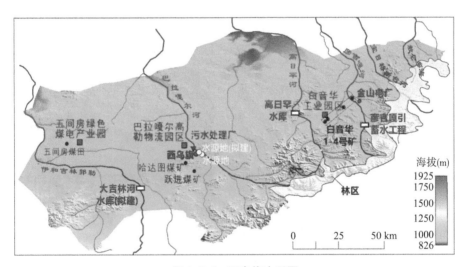

图 1.5-1 西乌旗水系图

1.5.1 伊和吉林郭勒

伊和吉林郭勒又称吉林郭勒、大吉林河,发源于赤峰市克什克腾旗巴彦查干苏木吉力嘎查平顶林子西山顶,河源地理坐标东经 117°23′、北纬 43°41′,河源高程 1 634.7 m。河流自河源向西北至吉力,转向北进入锡林郭勒盟西乌珠穆沁旗巴彦查干嘎查,跨界地理坐标东经 117°14′、北纬 44°13′;继续向北至浩齐特庙,转向西至巴彦乌拉东,转向北在锡林郭勒盟东乌珠穆沁旗嘎达布其镇巴彦都兰嘎查汇入格布钦戈壁,河口地理坐标东经 116°21′、北纬 45°32,河口高程 949.6 m。

伊和吉林郭勒流经赤峰市克什克腾旗,锡林郭勒盟西乌珠穆沁旗、锡林浩特市、东乌珠穆沁旗。河长 459 km(赤峰市 102 km,锡林郭勒盟 357 km),流域面积 36 978.5 km²(内蒙古 36 851.6 km²,其中赤峰市 1 552 km²、锡林郭勒盟 35 299.6 km²;河道平均比降 1.01‰。

西乌旗境内河流起点为西乌旗浩勒图高勒镇雅日盖图嘎查,终点为吉仁高勒镇洪格尔嘎查,全长 459 km。为典型丘陵河流,河谷宽、比降小、水流缓,结冰期为 7 个月。旗境内流域面积为 4 214.29 km²,本河道流经吉仁高勒镇、浩勒图高勒镇,2 个苏木(镇)。

伊和吉林郭勒流域位于大兴安岭西南,地势东南高西北低。上游为中低山区,山势陡峭,山间多林木;中游为低山丘陵区,草甸草原;下游为波状高平原区,河道迂回曲折,流速缓慢,两岸多沼泽湿地。经济以畜牧业为主。

1.5.2 巴拉格尔河

巴拉格尔河,又称巴拉格尔高勒、巴乐格尔河。发源于西乌珠穆沁旗浩勒图高勒镇巴彦宝拉格嘎查哲尔德毛日图山脊东南,河流自河源向西偏北至阿拉腾郭勒入河口,转向西北至好来浑迪入河口,转向东北在东乌珠穆沁旗乌里雅斯太镇哈拉图嘎查汇入乌兰盖戈壁。河长 234 km,流域面积 6 696 km²,河道平均比降 1.31‰。流域面积 50 km² 及以上一级支流有 8 条。干流上 1958 年设有白音乌拉水文站,集水面积 2 866 km²。西乌旗境内河流起点为西乌旗哲尔日图山,终点为巴彦胡舒苏木巴彦查干嘎查,全长 234 km。该河为典型丘陵河流,河谷宽、比降小、水流缓,结冰期为 7 个月。旗境内流域面积为 6 696 km²,流经浩勒图高勒镇、巴彦胡舒苏木、巴拉嘎尔高勒镇,3 个苏木(镇)。

1.5.3 高日罕河

高日罕河,河长 250 km,流域面积 6 905 km²,河道平均比降 1.14‰。流域面积 50 km² 及以上一级支流有 10 条。干流上 1960 年设有高日罕水文站,1962 年 7 月撤销。于 2007 年建设高日罕水库,总库容 3 790 万 m³。西乌旗境内河流起点为西乌旗太本林场查干布拉格山,终点为高日罕镇翁根嘎查,全长 250 km。该河为典型丘陵河流,河谷宽、比降小、水流缓,结冰期为 7 个月。旗境内流域面积为 5 153.29 km²。

1.5.4　彦吉嘎郭勒

彦吉嘎郭勒(彦吉嘎河)发源于西乌旗巴彦花镇萨如拉宝拉格嘎查都拉其古塔拉东山顶,河流自河源向西至敖包哈达,转向西北东乌珠穆沁旗道特淖尔镇道特淖尔嘎查从右侧汇入乌拉盖河。河长 228 km,流域面积 3 390 km²,河道平均比降 1.11‰。流域面积 50 km² 及以上一级支流有 7 条。干流上 1960 年设有彦吉嘎水文站,1962 年 7 月撤销。该河在西乌旗境内的终点为唐斯格嘎查,境内河流全长为 228 km,属于典型丘陵河流,河谷宽、比降小、水流缓,结冰期为 7 个月。

1.5.5　宝日格斯台河

宝日格斯台河,又称布尔嘎斯台高勒,发源于赤峰市阿鲁科尔沁旗罕苏木苏木罕山林场沙尔嘎东山顶,河流自河源向西南继而转向西北进入锡林郭勒盟西乌珠穆沁旗巴嘎哈丹道包格塔拉,继续向西北在锡林郭勒盟东乌珠穆沁旗呼热图淖尔苏木阿日斯楞图嘎查汇入乌拉盖河。河长 144 km,流域面积 2 129 km²,河道平均比降 1.47‰。流域面积 50 km² 及以上一级支流有乌力牙斯台河、查拉木高勒 2 条。西乌旗境内河流起点为巴彦花镇哈日道布格,终点为巴彦花镇白音温都尔嘎查,全长 124 km。该河为典型丘陵河流,河谷宽、比降小、水流缓,结冰期为 7 个月。旗境内流域面积为 2 014 km²。

1.6　地下水资源概况

根据《内蒙古自治区第三次水资源调查评价》和《西乌珠穆沁旗水资源开发利用与总体保护规划》等成果,西乌旗地下水资源量为 34 975 万 m³,其中山丘区地下水资源量为 8 180 万 m³,平原区地下水资源量为 32 991 万 m³,重复量 6 196 万 m³。西乌旗地下水资源可开采量为 20 878 万 m³,占地下水资源量的 59.7%,其中山丘区地下水资源可开采量为 337 万 m³,平原区地下水资源可开采量为 20 541 万 m³。

　　各镇、苏木中,吉仁高勒镇的地下水资源量最为丰富,其次为巴彦胡舒苏木、乌兰哈拉嘎苏木和巴彦花镇,高日罕镇和浩勒图高勒镇地下水资源量相对较少(见图1.6-1)。

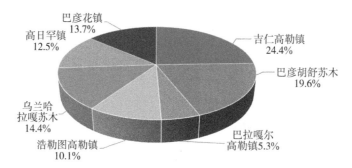

图1.6-1　西乌旗各镇、苏木地下水资源量占比分布饼图

第 2 章

水文气象要素时空演变特征

2.1 降水

西乌旗多年平均年降水量为 337.7 mm,仅为我国多年平均降水的一半左右(2022 年度《中国气候公报》),世界平均降水量的五分之二(Salehi 等,2020)。降水是当地地表水以及地下水的补给来源,降水多寡及其演变趋势直接关系乌珠穆沁草原生态环境健康以及当地畜牧业等支柱产业的发展。

2.1.1 月累计降水

西乌旗年内降水量最大值出现在 7 月(多年平均值为 98.0 mm),最小值出现在 1 月(多年平均值为 2.7 mm)。年内气温与降水具有相似变化特征,因此西乌旗雨热同期现象明显(见图 2.1-1)。从季节尺度来看,夏季(6—8 月)多年平均降水量达到 225.5 mm,占年降水量的 66.8%,其他季节降水稀少。

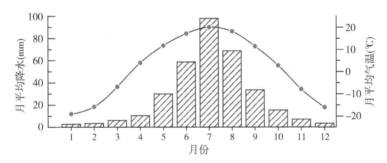

图 2.1-1 西乌旗年内降水和气温变化特征图

1. 突变分析

突变分析主要用来分析 1955—2022 年间西乌旗月尺度降水时间序列中是否存在显著的突变点。本次分析用到的突变检验包括 Pettitt、Buishand Range 以及 Standard Normal Homogeneity Test(SNHT)。三种方法的零假设 H_0 都是序列为独立、同分布,备择假设 H_1 是序列存在平均值的逐步转变(即突变点)。三种突变检测方法也存在一定的差异。SNHT 检验可以较容易地检测出序列在前后末端的突变点,而 Pettitt 和 Buishand Range 检验对于序列中部的突变点更加敏感。另外,Pettitt 检验是非参数秩和检验法,是对基于原始序列所获得的秩进行统计分析,因而不需要序列服从特定的分布,SNHT 和 Buishand Range 检验则要求序列尽可能地服从正态分布。Pettitt 检验相比其他两种方法不易受异常值的影响。三种突变检验方法的公式及统计检验的临界值详见文献(Ajayi 等,2020;王毅等,2021)。

通过突变检验发现,西乌旗冬季月降水各月份均存在显著突变,但是其他季节的月降水突变较少,见表 2.1-1。

表 2.1-1　西乌旗 1955—2022 年月降水突变分析结果

季节	月份	Pettitt's Test	Buishand Range Test	SNHT
冬	1			1958(0.003 0)
	2		2010(0.001 3)	2014(0.001 8)
春	3			1956(0.005 5)
	4			
	5			
夏	6			
	7			
	8		1987(0.031 2)	
秋	9			
	10			
	11			2009(0.001 7)
冬	12	1985(0.003 5)	1985(0.019 55)	1985(0.010 9)

注:表中产生突变的年份通过了 $\alpha=0.05$ 的显著性检验,括号内数字为显著性检验的 p 值。

2. 趋势分析

非参数 Mann-Kendall(M-K)检验法(Kendall,1975)在气象及水文参数的时序趋势分析中有着广泛应用。M-K 检验的优点是不需要预先假定样本的分布,且对异常值不敏感,但是当时序数据存在自相关时,M-K 检验结果会受到影响。本次分析通过 Durbin-Watson Test(D-W 检验)判断气象数据的自相关性。如果存在显著自相关($\alpha=0.05$),则采用修正后的 M-K 检验(TFPW-MK,Yue 等,2002),否则采用原始 M-K 检验判断其变化趋势。对于存在突变点的时序数据,则对突变点两侧分别进行趋势分析。

关于月降水的 D-W 检验表明,除了 1 月和 2 月部分时间序列存在自相关性,其他月份的降水量均不存在自相关性。当 Z 的绝对值大于 1.96 和 2.58 时,分别表示其通过了 $\alpha=0.05$ 和 $\alpha=0.01$ 显著性水平的检验。在 M-K 或者修正后的 M-K 检验中,当 Z 的绝对值大于 1.65、1.96 和 2.58 时,分别表示其通过了 $\alpha=0.1$、$\alpha=0.05$ 和 $\alpha=0.01$ 显著性水平的检验。Z 值大于或小于 0,分别表明序列呈上升和下降趋势,上升或者下降速率通过 Sen 斜率表示 (Sen,1968)。在 1955—2022 年间,西乌旗降水量最为丰沛的 7 月,其月降水量 Z 值为 -1.72,表明其具有递减趋势($\alpha=0.1$),减小速率为每年 0.57 mm。其他月份的降水量呈现波动变化,无显著递增或者递减趋势,详见表 2.1-2。

表 2.1-2　1955—2022 年间西乌旗月降水自相关性及趋势线检验结果

月份	序列	Durbin-Watson Test		Mann-Kendall Test	
		DW 值	p 值	Z 值	Sen 斜率
1	1955—2022	1.49	**0.048**	0.74	0.008
2	1955—2009	1.22	**0.002**	−0.87	−0.012
	2015—2022	2.09	0.736	0.87	0.660
3	1955—2022	2.13	0.666	0.19	0.003
4	1955—2022	2.27	0.332	0.44	0.015
5	1955—2022	2.27	0.314	1.62	0.181
6	1955—2022	1.89	0.592	−0.80	−0.128
7	1955—2022	2.02	0.916	**−1.72**	−0.570
8	1955—1986	2.63	0.086	−0.18	−0.244
	1988—2022	2.13	0.854	0.81	0.507
9	1955—2022	2.07	0.782	−0.12	−0.013
10	1955—2022	2.02	0.972	0.48	0.034
11	1955—2008	1.86	0.532	0.30	0.008
	2010—2022	1.91	0.664	−0.06	−0.183
12	1955—1984	1.79	0.454	−0.82	−0.027
	1986—2022	2.48	0.194	0.20	0.008

注:上表中的序列根据突变分析结果划分;Durbin-Watson Test 中 p 值<0.05 的时间序列采用修正后的 M-K 检验,其他为 M-K 检验。

3. STL 分解

STL(Seasonal and Trend decomposition using Loess)是一种适用性强且应用广泛的时序数据分解方法,其中 Loess 是一种估算非线性关系的方法 (Cleveland 等,1990)。STL 是一种迭代方法,其分解过程主要分为内循环和外循环,内循环嵌套在外循环中。内循环用于更新趋势分量和周期分量,外循环用于计算稳健的权值,在下一次内循环中使用这些权值,以减少异常值对更新后续内循环中趋势分量和周期分量的影响(郑小罗等,2023),对带有异常值的时间序列分解出的分量有更强的鲁棒性。详细计算过程见式(2.1-1)。通过 STL 分解法可将任何具有周期变化的数据(Y)分解为趋势分量(T_t)、周期分量(或称为季节分量 S_t)以及无法被趋势分量和周期分量所解释的剩余分量(R_t),即:

$$Y = T_t + S_t + R_t \tag{2.1-1}$$

STL 分解的核心参数为周期窗口(s. window)以及趋势窗口(t. window),二者均需取奇数值。本次研究输入数据为 1955—2022 年降水月值,月降水在年尺度上呈现周期性变化,因此 s. window 取 13,t. window 根据如下公式计算后取 21。

t. window＝nextodd(ceiling(1. 5 * period/(1—1. 5/s. window)))

period＝12

ceiling(x):不小于 x 的最小整数

针对西乌旗 1955—2022 年间月降水的 STL 分解结果如图 2.1-2 所示。图中趋势分量与周期分量可以很好地表征月降水变化的一般规律,部分月份的极端降水等存在于剩余分量中。

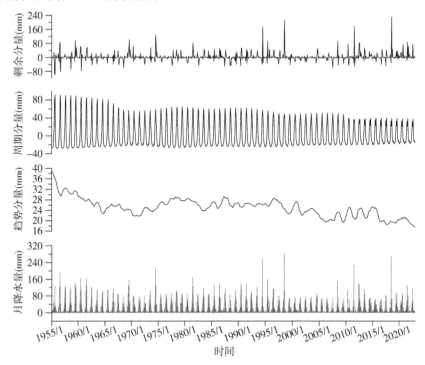

图 2.1-2 1955—2022 年间西乌旗降水量 STL 分解结果

(图中蓝色实线为趋势分量与周期分量之和)

进一步对 STL 分解结果中的趋势分量进行 D-W 检验,DW 值为 0.012,存在正自相关(通过了 $\alpha=0.01$ 的显著性检验)。利用修正后的 M-K 检验可得 Z 值为 -4.01(通过了 $\alpha=0.01$ 的显著性检验),表明西乌旗 1955—2022 年间趋势性分量存在显著递减趋势,减小速率为 0.010 mm/月(Sen 斜率估计)。周期性分量的振荡幅度也随着时间减小,表明年内不同月份的降水差异性减弱。进一步对剩余分量进行分析可知,剩余分量的平均值为 3.09,标准差为 25.07。如果剩余分量与其平均值的偏差大于或者小于 3 个标准差则认为出现了降水异常值,那么西乌旗 1955—2022 年间 816 组月降水数据中存在 17 个降水异常值。这些异常值集中分布在 1955—1959、1969—1981、1994—1998 以及 2008—2021 年,表明这些时期存在极端月降水。从剩余分量与其多年平均值的偏离程度来看(见图 2.1-3),1955—1959 与 1969—1981 两个时期的偏离程度较小,为 16.79 左右;1994—1998 以及 2008—2021 两个时期的偏离程度较大,为 58.10 左右,表明 2008 年以来月极端降水量进一步增加。结合趋势分量以及周期分量减小或者振幅收窄的特征可知,西乌旗年内不同月份雨量分配更加复杂,极端降水雨量较 2000 年以前明显增加。

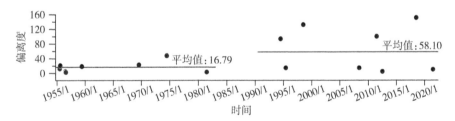

图 2.1-3 1955—2022 年间西乌旗月极端降水统计图

2.1.2 年累计降水

Pettitt 和 Buishand Range 检验发现西乌旗年降水量在 1998 年存在突变,但是二者均未通过 $\alpha=0.05$,甚至 $\alpha=0.1$ 的显著性检验。与 Pettitt 和 Buishand Range 检验结果相似,SNHT 检验也发现西乌旗平均降水量在 1961 年存在突变点,但是突变点未通过显著性检验。D-W 自相关检验中,西乌旗 1955—2022 年降水量的 DW 值为 1.89,p 值为 0.52,表明年降水时间序列不具有显著自相关性。进一步通过 M-K 检验可知,西乌旗年降水量也没有表现出显著的递增或者递减趋势(Z 值为 -0.81)。进一步将西乌旗年降水数据进行3年滑动平均处理,处理后的降水数据可检测到显著突变点的存在,其中Buishand Range检验发现1998年存在显著突变(p值=0.004 8),SNHT检验发现1960年存在显著突变(p值=0.004 9)。以1960和1998年为分界点,1960年之前西乌旗多年平均降水量为400.0 mm,1960—1998年之间多年平均降水量减小至339.2 mm,1998年之后多年平均降水量进一步减小至309.1 mm(详见图2.1-4)。由此可见,西乌旗1955年至今三个阶段的降水量逐步减小。

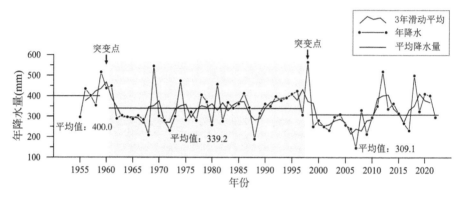

图 2.1-4　1955—2022 年间西乌旗年降水量变化特征图

2.2 气温

2.2.1 月均气温

西乌旗多年月平均气温(1955—2022年)变化范围为−19.0～20.1℃,最高气温出现在7月,最低气温出现在1月。全年中1—3月以及11和12月的多年平均气温都低于0℃,详细变化特征见图2.1-1。

1. 突变分析

通过对西乌旗历史时期1—12月的平均气温进行Pettitt、Buishand Range以及SNHT突变分析可知,1月以及10—12月无显著突变(α=0.05)。另外,除5月有两个突变点以外,其他月份均存在一个突变点。2月、3月以及8月的突变点出现在1987年或者1988年(p值<0.01);4月和6月突变点出现在1993年(p值<0.05);7月和9月突变点分别出现在1996年和1997年

（p 值<0.05 和 p 值<0.01）；5 月的两个突变点分别为 1962 年和 1982 年（p 值<0.01）。

综合各个月份的突变分析结果来看，秋末和冬季大部分时间没有出现气温突变，但是春末一直到初秋则突变显著。绝大多数突变点出现在二十世纪八十年代和九十年代，可见目前气温受这一时期气候变化的影响较大。

2. 趋势分析

在对 1955—2022 年期间各个月份的变化进行分析之前，首先对其自相关性进行了 D-W 检验。检验发现仅 2 月、7 月和 11 月存在显著自相关（$\alpha=0.05$）。对存在显著自相关的月份进行 TFPW-MK 检验，其他则进行无自相关修正的 MK 检验。趋势检验结果表明，在所有月份中只有 5 月气温存在显著递减趋势（递减速率在 0.1℃/a），9 月以及 10 月的气温以 0.02℃/a 的速率显著增加（详见表 2.2-1），其他月份的平均气温在突变前后或者整个研究期均无显著变化。5 月气温减小，秋季 9 月和 10 月气温增加对西乌旗草原生长期后移有一定作用。

表 2.2-1　西乌旗 1955—2022 年间月气温趋势变化统计表

月份	序列	Z 值	Sen 斜率
1	1955—2022	1.15	0.02
2	1955—1987	−0.54	−0.04
	1989—2022	−1.30	−0.06
3	1955—1987	0.31	0.02
	1989—2022	1.50	0.07
4	1955—1992	0.82	0.02
	1994—2022	0.43	0.02
5	1955—1962	0.00	0.00
	1963—1981	**−2.38**	−0.10
	1983—2022	0.64	0.01
6	1955—1992	1.16	0.02
	1994—2022	−0.24	−0.01
7	1955—1995	0.09	0.00
	1997—2022	0.31	0.02
8	1955—1986	0.63	0.01
	1988—2022	−0.06	0.00

续表

月份	序列	Z 值	Sen 斜率
9	1955—1996	**2.05**	0.02
	1998—2022	−1.17	−0.05
10	1955—2022	**2.19**	0.02
11	1955—2022	1.47	0.02
12	1955—2022	0.02	0.00

3. STL 分解

针对西乌旗 1955—2022 年间月平均气温的 STL 分解结果如图 2.2-1 所示。图中月平均气温趋势分量具有显著自相关性,其 DW 值为 0.016(p 值 < 0.001),因此通过 TFPW - MK 检验后发现气温趋势分量具有显著增加趋势(Z 值为 3.96),增温速率为 0.003℃/月。20 世纪 90 年代至 2010 年之间是西乌旗气温增加最明显的阶段。

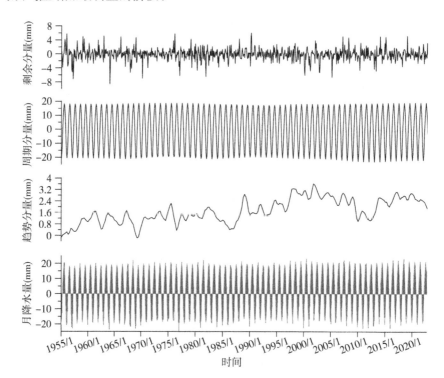

图 2.2-1 西乌旗月均气温 STL 分解结果(图中蓝色实线为趋势分量与周期分量之和)

在 STL 分解中,一些极高或者极低气温不能被剩余分量或者周期分量表征而蕴藏在剩余分量中。将剩余分量由小到大排列,不论前 5% 还是后 5% 的剩余分量都主要集中在 1 月、2 月以及 11 月和 12 月,表明寒冷季节气温波动最大。

2.2.2 年均气温

Pettitt、Buishand Range 以及 SNHT 检验均发现西乌旗年均气温在 1987 年存在显著突变(p 值<0.01),突变前(1955—1986 年)不存在显著自相关,但是突变后(1988—2022 年)存在显著自相关。分别对突变前后进行趋势检验,发现突变前后的 Z 值分别为 0.21 和 0.89,均没有显著增加趋势。但是不考虑突变点时,整个时间序列(1955—2022 年)的年均气温存在显著增加趋势(Z 值为 6.05)。由此可知,西乌旗年均气温升高与 1987 年气温突变密切相关,突变以后并未显示显著升温趋势,详见图 2.2-2。

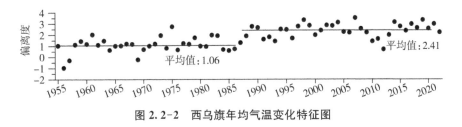

图 2.2-2　西乌旗年均气温变化特征图

2.3　蒸散发

MOD16 V6.1 是一种广泛使用的全球陆面 ET 产品,包含了土壤和潮湿陆面的蒸发以及植被冠层的蒸腾量,可用于计算区域水和能量平衡、土壤水分状况,从而为水资源管理提供关键信息。MOD16 中蒸散量采样的算法为 Penman-Monteith 公式,使用的输入数据包括日气象再分析数据以及中分辨率成像分光仪(MODIS)的植被动态、反照率和土地覆被等遥感数据。本次研究通过空间分析技术,将 MOD16 V6.1 数据集(空间分辨率为 500 m)以西乌旗行政区为边界进行切割,然后通过空间统计计算平均值,再以数据集时间尺度(8 天)进行累加,进而得到月尺度和年尺度蒸散发量。

2.3.1 月累计蒸散发

西乌旗多年月实际蒸散发量（ETa）平均值分布规律与年内降水分布特征相似（详见图 2.3-1）。7 月 ETa 达到 63 mm，是年内最高月份，其次为 8 月和 6 月。夏季（6—8 月）累计 ETa 为 154.5 mm，占年 ETa 的 56.3%。冬季蒸散发最弱。

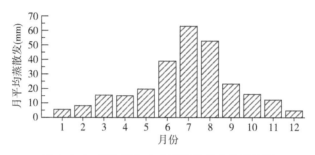

图 2.3-1　西乌旗年内实际蒸散发变化特征图

1. 突变分析

通过对 2001—2022 年间逐月累计蒸散发量进行突变分析，发现 5、6 月、8 月、9 月均存在显著突变（$\alpha = 0.05$）。其中，5、6 月突变发生在 2009 年，8 月、9 月突变发生在 2010 年和 2011 年，详见表 2.3-1。

表 2.3-1　2001—2022 年蒸发量突变分析

季节	月份	Pettitt's Test	Buishand Range Test	SNHT
冬	1	2007(0.881)	2018(0.324 7)	2018(0.210 7)
	2	2017(1)	2009(0.846 9)	2002(0.410 4)
春	3	2013(0.081 9)	2013(0.169 4)	2013(0.103 6)
	4	2015(0.153 7)	2015(0.157 7)	2015(0.051 9)
	5	2009(0.006 6)	2009(0.005 9)	2009(0.002 3)
夏	6	2009(0.040 7)	2009(0.040 7)	2009(0.018 1)
	7	2011(0.069 2)	2011(0.119)	2011(0.073 5)
	8	2010(0.053 3)	2010(0.078 6)	2010(0.043 7)
秋	9	2011(0.001 6)	2011(0.000 1)	2011(0.000 1)
	10	2008(0.165 4)	2008(0.127 7)	2008(0.453)
	11	2007(0.956 3)	2007(0.885 4)	2007(0.842 7)
冬	12	2014(1)	2017(0.826 7)	2017(0.702)

注：表中产生突变的年份通过了 $\alpha = 0.05$ 的显著性检验，括号内数字为显著性检验的 p 值。

2. 趋势分析

关于月累计蒸散发量的 D-W 检验表明,除了 5 月、6 月和 9 月存在自相关性外,其他月份的累计蒸散发量均不存在自相关。根据突变点出现时间将蒸散发时间序列划分为不同子序列,然后根据自相关性显著与否($\alpha = 0.05$)选择 M-K 检验或者去自相关的 M-K 检验(TFPW - MK)对月累计蒸散发量进行分析。分析结果表明,4 月蒸散发量显著增加($\alpha = 0.05$),增速为 0.392 mm/a。7 月的蒸散发量也有一定增加趋势(Z 值为 1.92,Sen 斜率为 0.835 mm/a),但是仅通过了 $\alpha = 0.1$ 显著性水平的检验。其他月份均没有表现出显著的增加或者减小的趋势,见表 2.3-2。

表 2.3-2 西乌旗累计蒸散发量月自相关性及趋势线检验结果

月份	序列	Durbin-Watson Test		Mann-Kendall Test	
		DW 值	p 值	Z 值	Sen 斜率
1	2001—2022	1.99	0.734	−0.42	−0.015
2	2001—2022	2.29	0.686	0.15	0.015
3	2001—2022	2.55	0.252	1.41	0.271
4	2001—2022	2.36	0.492	**2.31**	0.392
5	2001—2008	3.40	**0.040**	0.00	−0.170
	2010—2022	1.29	0.072	0.92	0.468
6	2001—2008	2.83	0.360	0.62	1.110
	2010—2022	1.18	**0.044**	0.75	0.566
7	2001—2022	1.87	0.592	1.92	0.835
8	2001—2009	0.60	0.432	−0.52	−1.189
	2011—2022	2.34	0.808	0.34	0.360
9	2001—2010	1.09	**0.022**	−1.36	−0.332
	2012—2022	1.99	0.650	0.93	0.305
10	2001—2022	1.90	0.634	1.52	0.153
11	2001—2022	2.06	0.888	−0.51	−0.109
12	2001—2022	2.80	0.060	0.06	0.002

注:上表中的序列根据突变分析结果划分;Durbin-Watson Test 中 p 值<0.05 的时间序列采用修正后的 M-K 检验,其他为 M-K 检验。

3. STL 分解

通过对西乌旗 ETa 进行 STL 分解可知(图 2.3-2),ETa 趋势分量存在显著自相关性(DW 值为 0.022, p 值<0.001),修正的 M-K 检验表明,ETa 的趋势分量具有显著增加趋势(Z 值为 2.34)。周期分量年内变化幅度增大。

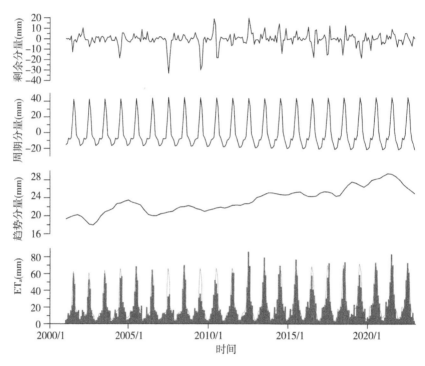

图 2.3-2 西乌旗实际蒸散发量 STL 分解结果

(图中蓝色实线为趋势分量与周期分量之和)

2.3.2 年累计蒸散发

风速、气温以及空气相对湿度变化对陆地实际蒸散发量影响较为强烈。一般而言,风速增加、气温升高、空气相对湿度减小,蒸散发(蒸发)潜力增加,实际蒸散发量升高。M-K 检验表明,西乌旗 1955—2022 年间的年均气温具有显著的增加趋势(Z 值为 5.63,p<0.01),增速为 0.03℃/a;调查年均风速在 2.1~4.8 m/s 范围内变化,多年平均值为 3.7 m/s。年内 4 月份风速相对较大,而 8 月份风速较小。与气温变化规律不同,西乌旗平均风速呈显著减小趋势(Z 值−8.44,p<0.01),每年减小约 2.64 m/s。空气相对湿度是降水、气温以及

风速等多因素综合作用的结果。1955 年以来,调查区年均空气相对湿度在
53.2%~66.6%之间变化,多年平均值为 59.4%,年内夏季空气最为湿润,春
季四五月份空气最为干燥。空气相对湿度也具有显著减小趋势(Z 值−3.94,
p<0.01),减小速率为 0.07%/a。

Pettitt、Buishand Range 以及 SNHT 检验均表明西乌旗年累计蒸散发量
在 2011 年出现了显著突变(p 值<0.01)。以 2011 年为分割点,分别对
2001—2010 和 2012—2022 两个时期的年蒸散发量进行统计可知(见图
2.3-3),后一时期蒸散发强度明显增加,这可能与全球气温升高等因素相关。
近些年来西乌旗蒸散发强度增加,而与降水有关的趋势项却出现减小趋势,干
旱情况有所加剧。

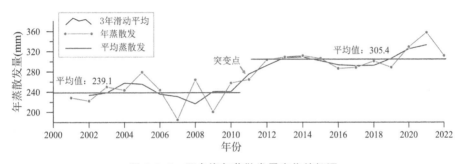

图 2.3-3 西乌旗年蒸散发量变化特征图

2.4 干旱指数

假设某时间段降水量与潜在蒸散发量之差服从 logistic 概率分布,对其进
行正态标准化处理得到的指数即为标准化降水蒸散指数 SPEI(Vicente-
Serrano 等,2010)。本次研究中潜在蒸散量的计算采用 Penman-Monteith 公
式。SPEI 不仅充分考虑了气温对干旱的影响,而且综合考虑了干旱的多时间
尺度,是用于表征某时段降水量与蒸散量之差出现概率多少的指标,该指标适
合于半干旱、半湿润地区不同时间尺度干旱的监测与评估。根据中国气象局制
定的 SPEI 干旱等级划分标准对流域干旱等级进行划分:SPEI>−0.5 为无
旱;−1<SPEI≤−0.5 为轻旱;−1.5<SPEI≤−1 为中旱;−2<SPEI≤
−1.5 为重旱;SPEI≤−2 为特旱。以西乌旗气象站月数据为基础,分别对时

间尺度为 12、24 和 36 个月的 SPEI 进行计算,可知西乌旗 1955 年 1 月以来干旱等级组成比例如图 2.4-1 所示。

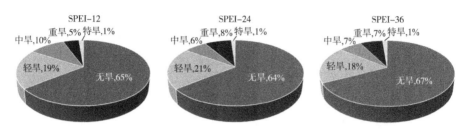

图 2.4-1　西乌旗 1955 年以来干旱等级统计饼图

西乌旗近 65% 左右的时间属于无旱状态,剩余 35% 的时间内轻旱占到全年的 20% 左右,中旱、重旱以及特旱在全年出现的时间仅占 15% 左右。从出现的时间来看,1990 年之前轻旱、中旱、重旱频发,之后出现了西乌旗半个多世纪以来最为湿润的时期,2006—2012 年又进入严重干旱时期,部分月份甚至出现特旱状况。2012 年至今西乌旗干旱状况有明显好转(图 2.4-2)。

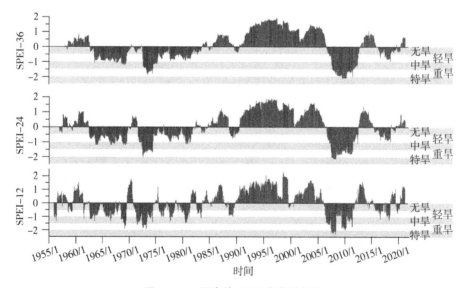

图 2.4-2　西乌旗 SPEI 变化特征图

第 3 章

区域地质及水文地质条件

3.1　地质条件

按传统的构造学说,西乌珠穆沁旗划归天山—兴安岭地槽褶皱区的内蒙古华力西晚期褶皱带,由北部的贺根山—乌斯尼黑复背斜、中部的西乌珠穆沁旗复向斜以及南部的米斯庙—哈日根台复背斜 3 个三级构造单元组成。

3.1.1　贺根山—乌斯尼黑复背斜

贺根山—乌斯尼黑复背斜属于二连—贺根山构造带的一部分,此复背斜轴部位于石灰窑到邻旗的贺根山南一线。轴向 60°,展布宽度不低于 60 km,轴部地层主要为中、上石炭统,局部可见泥盆系,冀部为二叠统组成,此复背斜具有明显的向北东倾伏的特点(王智慧等,2023)。

西乌旗北部和西北部部分地区处于贺根山—乌斯尼黑复背斜冀部,主要出露零散分布的中泥盆统。该地层下部为安山玄武岩夹碧玉岩、大理岩;中部为中性火山碎屑岩;上部为变质流纹岩。该套基-中-酸性的火山喷发岩共分六个岩段,总厚为 5 176 m。上下限不清,第一、二岩段关系不明,其他岩段均为整合接触。

分布较广的是下二叠统,该地层分两个组,下部为格根敖包组,上部为哲斯组,推测二者为不整合关系。格根敖包组主要由火山碎屑岩和中-酸性火山喷发岩及长石砂岩等组成,总厚度 8 074 m,共分五个岩段,均为整合接触。

3.1.2　米斯庙—哈日根台复背斜

米斯庙—哈日根台复背斜主要分布于西乌旗南部大兴安岭山区(李英杰等,2023),轴向 60°,展布宽度 60 km,地层主要为石炭系,沿轴向可见有较多的华力西中期酸性侵入岩和华力西晚期中基性侵入岩,但由于后生断裂的严重破坏和火山岩侵入的影响,构造的完整性遭到破坏,但北东向的构造线尚能辨认。

该复背斜构造区侵入岩发育。岩体轴向受华夏系构造控制,长轴为北东向,规模大者呈岩基状,小者呈岩株、岩枝及裂隙型小侵入体,星罗棋布。该复背斜具有两次岩浆侵入。燕山晚期的岩体轴向,既受新华夏系构造控制,又有沿华夏系构造体系的断裂贯入,呈浅成侵入特征的超酸性岩类。燕山运动末期仅有少量基性、中性及偏中性的煌斑岩,沿构造裂隙呈脉状产出。

燕山期花岗岩体均呈陡峻的较高山地;而华力西晚期岩体则多呈浑圆状的缓坡或低洼地形。

3.1.3　西乌珠穆沁旗复向斜

上述两个复背斜之间的广阔地带即为西乌珠穆沁旗复向斜的分布地区,由于后生构造和中新生代地层的覆盖,使其断续出露。主要的地层包括:中石炭统和上石炭统的砂岩、粉砂岩、灰岩凝灰岩等;下二叠统海陆交互相的火山碎屑岩;上侏罗统凝灰岩、砾岩夹玄武岩等;下白垩统砂砾岩、砂岩夹褐煤;第三系上新统粉砂质泥岩及灰色砾岩等;第四系沉积物等。

3.2　水文地质条件

3.2.1　一般概况

区域地下水赋存条件和分布规律,受地质构造、地层岩性、地貌、古地理环境、气象和水文诸因素的相互制约和综合影响。其中岩性是基础,起主导作用的是地质构造和地貌,而古地理环境、气象和水文也起着一定的控制作用。

区域主构造线控制了地下水类别和各含水层组的展布方向,构造是控制区内地下水埋藏与分布的主导因素。华力西晚期构造运动和燕山运动,形成了区内北东向挤压构造带与它相垂直的张性、张扭性断裂及乌套海、金河、巴拉格尔和柴达木断陷盆地,为区内裂隙水、裂隙孔隙水的赋存奠定了基础。新构造运动使几个断陷盆地进一步沉降,接受一百余米第四系松散物质的沉积。新华夏构造体系和北东、东西向构造带控制了区内山川水系,区内地表水系沿构造线发育而成,西部为吉林郭勒河,中部为巴拉嘎尔河,东部有高日罕河、彦吉嘎河、宝日格斯台河,几条河流纵贯旗域南北。在高日罕河、吉林郭勒河和巴拉嘎尔河地表水系的作用下,把盆地串起,形成吉林郭勒河、巴拉嘎尔河和高日罕河条带性河谷平原,堆积了含水性强的细砂、中粗砂、砂砾石层,控制了孔隙水的埋藏和分布。区内中北部、东部为隆起的基岩山系,地形剧烈起伏,基岩裸露,对大气降水渗入有利,但由于多次构造运动影响,使基岩形成了一系列纵横交错的断层、褶皱、节理裂隙,故不利于地下水赋存。中北部山系两侧为中生代形成的高日罕和巴彦花盆地,沉积了以下白垩统为主的湖沼相地层,含水层为砂岩、粉砂岩,构成赋水盆地。

地貌条件不仅控制地下水补给、径流、排泄条件,而且反映了地下水的分布状况、埋藏部位、富集条件和水质优劣。地下水的赋存条件随地貌条件变化而有差异。高日罕、巴彦花盆地和河谷平原,地势低平开阔,是区内地下水的主要汇集地带和赋存地带,也是地下水开发利用主要地带。区内地势总体东南高西北低。南部是大兴安岭山区,中部是低山丘陵和河谷平原,北部则是较为低洼的风成沙地。因此,地表水及地下水总体由东南流向西北,皆从南部山区经河谷平原流向北部沙地。

地表岩性直接影响着地下水的补给和赋存,区内中北部第四系含水层主要为细砂、中粗砂、砂砾石层;白垩系下统含水层为微胶结的砂岩、砂砾岩,具备了优越的储水空间。在区内中南乌套海农场、浩沁庙以西和沙地以北第三系红色泥岩出露区,既不利于大气降水的补给,也不利于潜水的赋存,成为潜水极为贫乏的地区。

气候条件制约地下水补给来源强弱,西乌旗属半干旱气候区,大气降水是地下水主要补给来源。干旱、多风、降雨集中的气候条件,使得大气降水入渗补给地下水条件相对较差,地下水在沟谷洼地、河谷平原的北部沙地以及裂隙发育的山区获得较多的渗入补给。在以上综合因素控制影响下,区内基岩山区、沟谷洼地、河谷平原及沙地等水文地质区形成。

综上,受上述诸因素的综合影响,在不同的构造盆地和地貌单元中,地下水赋存条件和分布规律既有共性又表现了明显的差异性。

3.2.2 地下水类型及分布

区内地下水按埋藏条件,分成潜水与承压水两个基本类型。根据岩性、赋存条件和水力性质,区内地下水类型共分为第四系松散岩类孔隙水、碎屑岩孔隙裂隙层间水、基岩裂隙水等三种类型,每种类型地下水的展布大体与南部大兴安岭走向平行。

1. 第四系松散岩类孔隙水

第四系松散地层广泛分布于冲洪积平原、河谷平原、山间沟谷、风积沙地、湖盆洼地中,其分布特点是厚而稳定,地下水蕴藏丰富,是当地生产和生活取用地下水的主要对象。第四系松散岩类孔隙水包括分布在河谷平原之间的冲洪积平原孔隙潜水、分布在上更新统冲洪积含砾砂土及泥质细砂的山间枝状沟谷孔隙潜水、分布在地表水系河谷平原（上更新统冲洪积砂砾石、含砾中粗砂和全新统冲积细砂）的河谷平原孔隙潜水、分布在全新统湖积中粗砂及细砂中的湖盆洼地孔隙潜水以及风积沙地孔隙潜水。第四系松散岩类孔隙水阴离子以 HCO_3^- 为主，阳离子以 Na^+、Mg^{2+} 和 Ca^{2+} 为主。

2. 碎屑岩孔隙裂隙层间水

碎屑岩孔隙裂隙层间水，分布于高日罕和巴彦花盆地，地貌为波状高原区，含水层由白垩系下统及第三系上新统内陆河湖相地层组成，含裂隙孔隙承压水，局部为潜水，具体包括第三系上新统砂岩和砂砾岩承压水含水组、白垩系下统巴彦花组砂岩和砂砾岩承压水含水组。含水层岩性以灰白色、灰色、黑灰色粉砂岩、细砂岩、中粗砂岩、含砾砂岩、泥质砂砾岩及褐煤层为主。水化学类型以 HCO_3^-—Na^+、HCO_3^-—SO_4^{2-}—Na^+、Cl^-—Na^+ 型水为主，矿化度 $1\sim3$ g/L。

3. 基岩裂隙水

基岩裂隙水较为丰富，主要受构造、地貌条件的控制，其次受岩性因素的影响，分布在南部和中部中低山丘陵区，含水地层是以华力西晚期和燕山早期辉石橄榄岩及花岗岩、二叠系和侏罗系砂砾岩以及凝灰质砂岩为主要含水岩系的前古老地层。基岩裂隙水的富水程度取决于裂隙发育程度与充填情况，断裂带及裂隙性质。基岩区为区内地下水的补给区，径流条件好，水质好。基岩裂隙水进一步可分为碎屑岩裂隙水、岩浆岩裂隙水、玄武岩裂隙水。水化学类型以 HCO_3^-—Ca^{2+}、HCO_3^-—Na^+＋Mg^{2+} 为主。

3.2.3 地下水补给、径流和排泄条件

区内大气降水是地下水的主要补给来源，山丘区基岩裂隙潜水的补给受岩性和裂隙性质控制，大气降水是其唯一的补给来源，并沿着各自的裂隙系统运移。排泄主要以泉和地下潜流形式汇入沟谷和盆地。

沟谷孔隙潜水除接受大气降水入渗补给外，还接受山丘区基岩裂隙潜水的补给，地下水沿沟谷径流排泄到山前补给河谷平原。河谷平原地下水水位埋藏较浅，有利于大气降水直接入渗补给地下水，同时，在下游河段还接受河水的渗漏补给，特别是在旱季和枯水年份，地表水补给作用明显。河谷平原地下水以水平径流和垂直蒸发排泄方式为主，在高日罕河下游河谷平原有部分沼泽湿

地,也是地下水的排泄地。

盆地白垩系下统裂隙孔隙层间含水层主要接受基岩山丘区的侧向补给和部分降水垂直入渗补给,向盆地中心和淖尔排泄。

西乌旗境内地下水总体流向为由南向北径流,通过中部河谷平原,流泄到北部沙地,部分排泄于巴伦诺尔、柴达木诺尔等湖群。在水平方向上,地下水在南部山区接受补给,以泉的形式流泄到溪沟河流,变成山区地表水。地表水向北流经沟谷洼地和河谷平原,沿途下渗,补给地下水,到北部沙地全部或部分潜入地下和泄入诺尔,变成沙地内的地下水,进行蒸发排泄。在区内地下水基本上完成了从补给到排泄的全过程,从而构成了一个较完整的地下水循环系统。依据地下水补给来源和影响补给的因素,将区内分成山区、河谷平原、沙地、波状高平原几个地区,阐述地下水的补给、径流及排泄条件。

1. 南部山区

大气降水是南部山区地下水的唯一补给来源,地下水的补给受岩性和裂隙性质的控制。

山区各类岩体和岩层裂隙十分发育,尤以花岗斑岩和花岗岩裂隙最为发育,裂隙充填程度较低,因而泉水多,流量大。变质岩虽然裂隙也发育,但大部被黏土、碎石和脉岩所充填,泉水出露的少且流量小。

从区域降水等值线图上看,大兴安岭北麓降水量高于乌珠穆沁草原腹地,加之这里植被发育减缓了地表径流流速,致使更多的大气降水渗入到基岩裂隙中补给地下水。山区裂隙潜水主要以泉的形式进行排泄。

2. 中部河谷平原区

中部河谷平原区,地下水除接受大气降水补给外,还接受河水和山区基岩裂隙潜水的补给。河谷平原地形平坦,植被发育,有利于大气降水的渗入补给。但是局部存在渗透性差的黏土质沉积物,易积蓄降水形成河流沼泽湿地。包气带厚度也是影响降水补给地下水的重要因子。除降水外,河水是中部河谷平原地下水重要补给来源,特别是在旱季和枯水年份,河水以地表水—地下水相互作用的方式对地下水进行补给。河谷平原地下水总体由南向北流动,接受南部山区地下水侧向补给。

3. 北部沙地及波状高平原

北部沙地及波状高平原主要接受大气降水和地下径流及少部分凝结水的补给。风积沙透水性好,下伏岩层没有稳定的隔水层,在温达来一带和好勒海特音诺尔以西地区,与下伏的冲湖积、湖积砂、砾砂层连在一起,极易接受大气降水和地表水的补给。

北部沙地地下水排泄的主要方式是蒸发和地下水径流,沙地地形低洼,使区内部分地表水和地下水消失在沙地之中,部分地表水和地下水径流向区外流泄。北部沙地内形成密布的湖泊,成为地下水局部排泄的中心。

第 4 章

样品采集与分析测试

4.1　采样点布设

地下水环境监测井网是进行地下水污染监测、评价与管理的基础和前提，但是当前西乌旗并不具备完善的地下水环境监测井网。西乌旗土地面积辽阔，大量布设监测井投入巨大，因此本次研究选取当地农牧民已有生活和生产用水井进行调查评价。

在本次研究中，地下水调查分为两个阶段，首先是在基础资料收集分析以及前期调研的基础上针对全旗范围的地下水环境进行普查，其次是针对重点区域的地下水环境进行详查。两个阶段的工作内容如下。

对初步调查阶段各类资料信息的来源、可靠性、有效性进一步复核的基础上，制订本项目普查阶段的地下水环境采样调查方案，包括采样点的布设、样品数量、样品的采集方法、现场快速检测方法，样品收集、保存、运输和储存等。

西乌旗共有土地面积 2.24 万 km^2，根据全旗地下水赋存条件，结合已有零散水质信息，通过网格法将全旗划分为若干网格，然后在每个网格内选取合适的牧户取水井并至少采集 1 件地下水样品进行水质分析测试。该项工作的主要作用是对全旗范围地下水质好坏的空间分布情况进行摸底，查明污染区分布范围、超标物质类型及其危害程度，为详查工作提供依据。理论上讲，网格划分越密，采样越多，普查精度越高，但综合考虑西乌旗土地面积、牧户分布、水质总体情况以及人力物力等因素，最终将全旗按照 10 km×10 km 的网格进行划分，共计划分 264 个网格，详见图 4.1-1。

详查阶段主要是根据普查阶段水质调查成果，选取地下水质量较差地区开展详查，加密采集地下水样品进行分析测试。采样密度根据水质以及周边牧户分布情况确定，采样井尽量选取开采层位与普查期采样井相似的井。

在实际采样过程中，普查阶段有部分网格处于人烟极其稀少的地区，例如西乌旗乌兰哈拉嘎苏木北部的打草牧场以及南部国有林场等，这些地区交通不便且无可采集水样的地下水井，最终在 264 个网格中共采集 230 件地下水样品。详查阶段共采集 93 件地下水样品，普查和详查总计 323 件样品，采样点遍及西乌旗各个流域及苏木镇，详细采样情况如表 4.1-1、图 4.1-2、表 4.1-2、图 4.1-3、图 4.1-4 所示。

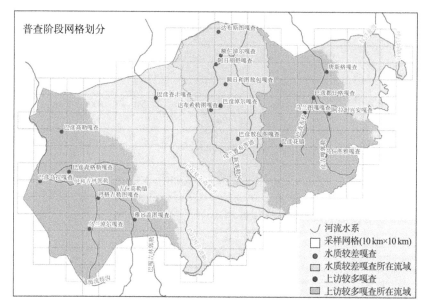

图 4.1-1　西乌旗地下水环境普查网格分布图

表 4.1-1　地下水样品分布位置统计表

流域	行政单位面积 （km²）	采样数量 （个）	采样密度 （个/100 km²）
伊和吉林郭勒	4 273.2	53	1.24
小吉林郭勒	1 509.4	16	1.06
巴拉格尔河	6 308.8	119	1.85
新郭勒河	4 039.1	55	1.36
高日罕河	2 231.2	29	1.30
彦吉嘎郭勒	2 560.1	42	1.64
宝日格斯台河	1 448.2	9	0.62
西乌珠穆沁旗	22 370	323	1.44

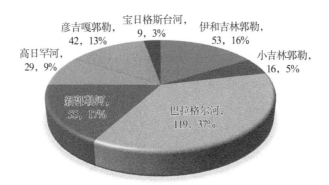

图 4.1-2   西乌旗地下水采样统计饼图（按流域划分）

表 4.1-2   西乌旗地下水环境背景值普查网格分布图

行政单位	行政单位面积（km²）	采样数量（个）	采样密度（个/100 km²）
巴拉嘎尔高勒镇	321.32	3	0.93
吉仁高勒镇	4 179.2	48	1.15
巴彦胡舒苏木	3 867.2	80	2.07
浩勒图高勒镇	3 807.2	48	1.26
乌兰哈拉嘎苏木	3 369.7	55	1.63
高日罕镇	1 566	18	1.15
巴彦花镇	5 318.3	71	1.34

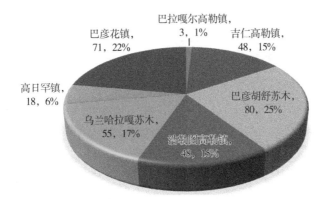

图 4.1-3   西乌旗地下水采样统计饼图（按苏木镇划分）

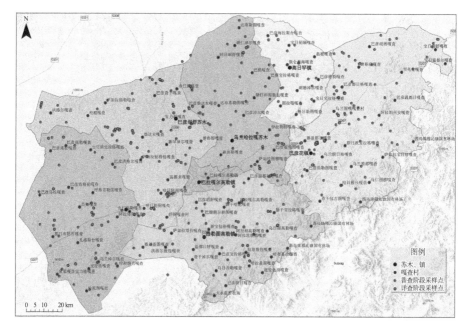

图 4.1-4　西乌旗地下水采样点分布位置图

4.2　样品采集流程

4.2.1　采样前准备

采样前询问牧户取水井基本情况，包括打井时间、井深、井管材质、滤料填充、井台构筑情况等。采用 GPS 定位，将采样井位置投影于水文地质图，结合区域水文地质条件，确定地下水开采层位。

根据相关规范，采样前洗井应避免对井内水体产生气提、气曝等扰动。抽水速率应不大于 0.3 L/min。对 pH 以及溶解氧、电导率检测仪器进行现场校正，记录校正结果。洗井过程中每隔 3～5 min 读取并记录 pH、温度、电导率、溶解氧，连续三次采样达到以下要求结束洗井：

　　a) pH 变化范围为 ±0.1；

　　b) 温度变化范围为 ±0.5℃；

　　c) 电导率变化范围为 ±3%；

　　d) 溶解氧变化范围为 ±10%，当溶解氧＜2.0 mg/L 时，其变化范围为

±0.2 mg/L。

如遇到特殊情况,例如洗井过程中无法满足上述要求,则在牧户允许下连续抽取地下水 20 min 以上再开始采集样品,并做好详细记录,洗井过程抽取的地下水,根据牧户意见进行处理。若洗井过程中发现水面有浮油类物质或者其他特殊情况,也要进行记录。少数井水样品受客观条件限制未严格按照上述流程采样(见图 4.2-1)。

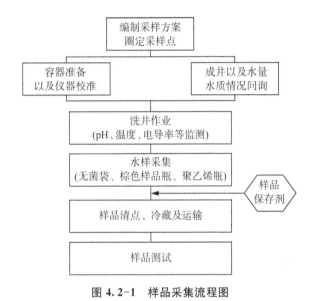

图 4.2-1　样品采集流程图

4.2.2　样品采集与测试

(1) 测试指标

本次研究共采集 323 件地下水样品。根据《地下水质量标准》(GB/T 14848—2017),所有样品均测试以下指标:

①感官性状及一般化学指标:色、嗅和味、浑浊度、肉眼可见物、pH、总硬度、溶解性总固体、硫酸盐、氯化物、铁、锰、铜、锌、铝、挥发性酚类、阴离子表面活性剂、耗氧量(COD_{Mn} 法)、氨氮、硫化物、钠。

②微生物指标:总大肠菌群、菌落总数。

③毒理学指标:亚硝酸盐、硝酸盐、氰化物、氟化物、碘化物、汞、砷、硒、镉、铬(六价)、铅、三氯甲烷、四氯化碳、苯、甲苯。

此外,为分析地下水化学类型,研究人员对 323 件样品中的 93 件样品测试了钾、钙、镁、碳酸氢盐、碳酸盐、游离二氧化碳等含量。

（2）样品保存

根据测试指标的不同，样品采集以及保存方式也有差异，具体如下：

用于测试总硬度、溶解性总固体、硫酸盐、氯化物、硝酸盐、耗氧量、氟等无机较稳定组分的样品，装入聚乙烯塑料瓶样品瓶中，采样量 2 L。

用于测试锰、铜、砷、锌、铝、汞、铬（六价）、硒、镉、铅等微量金属和非金属离子的样品，装入棕色玻璃瓶后，加入 5～10 mL 硝酸溶液进行酸化，最后密封瓶口，贴上标签。采样量 2 L。

检测总大肠菌群和菌落总数的样品采用无菌袋采集，采样量 1 L，采样后置于车载冰箱保存（4℃）。

鉴于采样区与分析测试实验室所在的内蒙古呼和浩特市有 800 余 km，部分样品的指标被酸化处理，所以样品运输无法采用空运。所有样品当天采集当天下午通过快递冷藏运输至实验室，运输时间为 24～36 h。

（3）样品分析测试

为了保证样品测试结果的准确性，所有指标的测试方法均采用国家或各行业主管部门发布的测试方法。测试仪器均符合或者优于相关规定的要求。

所有样品的分析测试方法及测试仪器如表 4.2-1 所示。

表 4.2-1　样品检测方法与仪器设备一览表

项目	方法来源	检出限	使用仪器设备型号、名称、编号
pH	《水质 pH 值的测定 电极法》（HJ 1147—2020）	—	FE28 型 pH 计（IE-0029）
总硬度	《水质 钙和镁总量的测定 EDTA 滴定法》（GB 7477—87）	5 mg/L	酸式滴定管、无色、50 mL（D-50-4）
溶解性总固体	《生活饮用水标准检验方法 第 4 部分：感官性状和物理指标》（11.1 称量法）（GB/T 5750.4—2023）	4 mg/L	101-2ASB 电热鼓风干燥箱（IE-0034）ME204E/02 电子天平（IE-0005）
钠离子	《水质 可溶性阳离子（Li^+、Na^+、NH_4^+、K^+、Ca^{2+}、Mg^{2+}）的测定 离子色谱法》（HJ 812—2016）	0.02 mg/L	CIC-D120 离子色谱仪（IE-0064）
氯离子	《水质 无机阴离子（F^-、Cl^-、NO_2^-、Br^-、NO_3^-、PO_4^{3-}、SO_3^{2-}、SO_4^{2-}）的测定 离子色谱法》（HJ 84—2016）	0.007 mg/L	CIC-D120 离子色谱仪（IE-0064）

项目	方法来源	检出限	使用仪器设备型号、名称、编号
硫酸根	《水质 无机阴离子（F^-、Cl^-、NO_2^-、Br^-、NO_3^-、PO_4^{3-}、SO_3^{2-}、SO_4^{2-}）的测定 离子色谱法》（HJ 84—2016）	0.018 mg/L	CIC-D120 离子色谱仪（IE-0064）
铁	《水质 铁、锰的测定 火焰原子吸收分光光度法》（GB 11911-89）	0.03 mg/L	A3AFG-12 原子吸收分光光度计（IE-0058）
锰	《水质 铁、锰的测定 火焰原子吸收分光光度法》（GB 11911-89）	0.01 mg/L	A3AFG-12 原子吸收分光光度计（IE-0058）
铜	《水质 铜、锌、铅、镉的测定 原子吸收分光光度法》（第一部分 直接法）（GB 7475-87）	0.01 mg/L	A3AFG-12 原子吸收分光光度计（IE-0058）
锌	《水质 铜、锌、铅、镉的测定 原子吸收分光光度法》（第一部分 直接法）（GB 7475-87）	0.01 mg/L	A3AFG-12 原子吸收分光光度计（IE-0058）
挥发酚	《水质 挥发酚的测定 4-氨基安替比林分光光度法》（HJ 503—2009）	0.000 3 mg/L	UV8100A 紫外可见分光光度计（IE-0053）
阴离子表面活性剂	《水质 阴离子表面活性剂的测定 亚甲蓝分光光度法》（GB 7494—1987）	0.05 mg/L	UV8100A 紫外可见分光光度计（IE-0053）
高锰酸盐指数	《水质 高锰酸盐指数的测定》（GB 11892-89）	0.1 mg/L	酸式滴定管、棕色、25 mL（D-25-2）
总大肠菌群	《生活饮用水标准检验方法 第 12 部分：微生物指标》（5.1 多管发酵法）（GB/T 5750.12—2023）	—	DH-500ASB 电热恒温培养箱（IE-0167）
菌落总数	《水质 细菌总数的测定 平皿计数法》（HJ 1000—2018）	—	DH-500ASB 电热恒温培养箱（IE-0031）
氨氮	《水质 氨氮的测定 纳氏试剂分光光度法》（HJ 535—2009）	0.025 mg/L	UV8100A 紫外可见分光光度计（IE-0053）
亚硝酸盐氮	《水质 亚硝酸盐氮的测定 分光光度法》（GB 7493-87）	0.003 mg/L	UV8100A 紫外可见分光光度计（IE-0053）
硝酸盐氮	《水质 硝酸盐氮的测定 紫外分光光度法（试行）》（HJ/T 346—2007）	0.08 mg/L	UV8100A 紫外可见分光光度计（IE-0053）
硫化物	《水质 硫化物的测定 亚甲基蓝分光光度法》（HJ 1226—2021）	0.003 mg/L	UV8100A 紫外可见分光光度计（IE-0053）
氰化物	《地下水质分析方法 第 52 部分：氰化物的测定 吡啶-吡唑啉酮分光光度法》（DZ/T 0064.52—2021）	0.002 mg/L	UV8100A 紫外可见分光光度计（IE-0053）

续表

项目	方法来源	检出限	使用仪器设备型号、名称、编号
氟离子	《水质 无机阴离子（F^-、Cl^-、NO_2^-、Br^-、NO_3^-、PO_4^{3-}、SO_3^{2-}、SO_4^{2-}）的测定 离子色谱法》（HJ 84—2016）	0.006 mg/L	CIC-D120 离子色谱仪（IE-0064）
汞	《水质 汞、砷、硒、铋和锑的测定 原子荧光法》（HJ 694—2014）	0.04 μg/L	SK-2003AZ 原子荧光光谱仪（IE-0057）
砷	《水质 汞、砷、硒、铋和锑的测定 原子荧光法》（HJ 694—2014）	0.3 μg/L	SK-2003AZ 原子荧光光谱仪（IE-0057）
镉	镉 石墨炉原子吸收法（B）《水和废水监测分析方法》（第四版增补版）国家环境保护总局（2002 年）	0.025 μg/L	A3AFG-12 原子吸收分光光度计（IE-0058）
六价铬	《生活饮用水标准检验方法 第 6 部分：金属和类金属指标》（13.1 二苯碳酰二肼分光光度法）（GB/T 5750.6—2023）	0.004 mg/L	UV8100A 紫外可见分光光度计（IE-0053）
铅	铅 石墨炉原子吸收法（B）《水和废水监测分析方法》（第四版增补版）国家环境保护总局（2002 年）	0.25 μg/L	A3AFG-12 原子吸收分光光度计（IE-0058）
铝	《生活饮用水标准检验方法 第 6 部分：金属和类金属指标》（4.1 铬天青 S 分光光度法）（GB/T 5750.6—2023）	0.008 mg/L	UV8100A 紫外可见分光光度计（IE-0053）
色度	《水质 色度的测定》（铂钴比色法）（GB 11903-89）	—	—
浊度	《水质 浊度的测定 浊度计法》（HJ 1075—2019）	0.3 NTU	LH-NTU3M 浊度测定仪（IE-0002）
嗅和味	《生活饮用水标准检验方法 第 4 部分：感官性状和物理指标》（6.1 嗅气和尝味法）（GB/T 5750.4—2023）	—	—
肉眼可见物	《生活饮用水标准检验方法 第 4 部分：感官性状和物理指标》（7.1 直接观察法）（GB/T 5750.4—2023）	—	—
硒	《水质 汞、砷、硒、铋和锑的测定 原子荧光法》（HJ 694—2014）	0.4 μg/L	SK-2003AZ 原子荧光光谱仪（IE-0057）
碘化物	《水质 碘化物的测定 离子色谱法》（HJ 778—2015）	0.002 mg/L	CIC-D100 离子色谱仪（IE-0308）
氯仿	《水质 挥发性有机物的测定 吹扫捕集/气相色谱-质谱法》（HJ 639—2012）	1.4 μg/L	8890-5977B 气相色谱-质谱联用仪（IE-0158）

续表

项目	方法来源	检出限	使用仪器设备型号、名称、编号
四氯化碳	《水质 挥发性有机物的测定 吹扫捕集/气相色谱-质谱法》(HJ 639—2012)	1.5 μg/L	8890-5977B气相色谱-质谱联用仪(IE-0158)
苯	《水质 挥发性有机物的测定 吹扫捕集/气相色谱-质谱法》(HJ 639—2012)	1.4 μg/L	8890-5977B气相色谱-质谱联用仪(IE-0158)
甲苯	《水质 挥发性有机物的测定 吹扫捕集/气相色谱-质谱法》(HJ 639—2012)	1.4 μg/L	8890-5977B气相色谱-质谱联用仪(IE-0158)

第 5 章

西乌旗水环境特征

本次地下水分析测试指标主要选取的是《地下水质量标准》(GB/T 14848—2017)中规定的感观性状和一般化学指标(共计 20 项指标)、微生物指标(共计 2 项指标)、毒理学指标(共计 15 项指标),共计 37 项。地下水质量常规指标及限值同样根据《地下水质量标准》(GB/T 14848—2017)确定。

5.1　水化学类型

5.1.1　舒卡列夫水化学分类

我国地下水按化学成分分类方法是 20 世纪 50 年代从苏联引进的。目前在水文地质学中应用范围较广的是舒卡列夫分类法。目前中国地质调查局开展的全国地下水污染调查评价工作均采用舒卡列夫分类法进行水化学分类。该方法是根据地下水中 6 种主要离子(Na^+、Ca^{2+}、Mg^{2+}、HCO_3^-、SO_4^{2-}、Cl^-)及矿化度对地下水类型进行划分。具体为将毫克当量百分比大于 25% 的阴离子和阳离子进行组合,共分成 49 型水。后经斯拉维扬诺夫修正和重新排列,每类型水以一个阿拉伯数字作为代号(表 5.1-1)。水化学类型从舒卡列夫分类表中的 Ca^{2+}—HCO_3^- 型转变到 Na^+—Cl^- 型,反映了自然状态下地下水的演变过程。按矿化度又划分为 4 组:A 组矿化度≤1.5 mg/L,B 组矿化度 1.5~10 mg/L,C 组矿化度 10~40 mg/L,D 组矿化度>40 mg/L。从舒卡列夫分类表的左上角向右下角的变化大体与地下水总的矿化作用过程一致。

表 5.1-1　舒卡列夫分类表

化学成分	HCO_3^-	$HCO_3^- + SO_4^{2-}$	$HCO_3^- + SO_4^{2-} + Cl^-$	$HCO_3^- + Cl^-$	SO_4^{2-}	$SO_4^{2-} + Cl^-$	Cl^-
Ca^{2+}	1	8	15	22	29	36	43
$Ca^{2+} + Mg^{2+}$	2	9	16	23	30	37	44
Mg^{2+}	3	10	17	24	31	38	45
$Na^+ + Ca^{2+}$	4	11	18	25	32	39	46
$Na^+ + Ca^{2+} + Mg^{2+}$	5	12	19	26	33	40	47
$Na^+ + Mg^{2+}$	6	13	20	27	34	41	48
Na^+	7	14	21	28	35	42	49

本次研究基本采用舒卡列夫水化学分类法对西乌旗地下水化学类型进行分类。首先组合毫克当量百分比最高的阴阳离子，形成简版的水化学类型（分类 1），然后根据 25% 的阈值，按照毫克当量百分比由高到低的顺序形成完整版的水化学类型（分类 2）。

分类 1 的结果表明，西乌旗地下水主要以 Ca^{2+}—HCO_3^- 型（35.5%）和 Na^+—HCO_3^- 型为主（35.5%），其次为 Na^+—Cl^- 型（18.3%），再次为 Mg^{2+}—HCO_3^- 型（6.5%）和 Na^+—SO_4^{2-} 型（4.3%）。

分类 2 的结果较为复杂，共有 39 种类型，详见表 5.1-2。

表 5.1-2　西乌旗地下水化学类型

分类 1	分类 2	TDS(mg/L)		
		均值	最大值	最小值
Ca^{2+}—HCO_3^- (35.5%)	$Ca^{2+}+Mg^{2+}+Na^+$—HCO_3^-	443.76	753.79	287.38
	$Ca^{2+}+Mg^{2+}$—HCO_3^-	438.00	681.11	136.93
	$Ca^{2+}+Mg^{2+}$—$HCO_3^-+Cl^-$	867.21	1 393.14	341.28
	$Ca^{2+}+Na^++Mg^{2+}$—HCO_3^-	542.72	670.95	364.93
	$Ca^{2+}+Na^++Mg^{2+}$—$HCO_3^-+Cl^-$	949.53	949.53	949.53
	$Ca^{2+}+Na^+$—HCO_3^-	739.04	1 261.88	418.85
	Ca^{2+}—HCO_3^-	360.89	533.66	191.51
Mg^{2+}—HCO_3^- (6.5%)	$Mg^{2+}+Ca^{2+}+Na^+$—HCO_3^-	754.19	882.46	518.96
	$Mg^{2+}+Ca^{2+}+Na^+$—$HCO_3^-+SO_4^{2-}$	665.13	665.13	665.13
	$Mg^{2+}+Na^++Ca^{2+}$—HCO_3^-	719.30	719.30	719.30
	$Mg^{2+}+Na^+$—$HCO_3^-+SO_4^{2-}$	2 894.32	2 894.32	2 894.32
Na^+—Cl^- (18.3%)	Na^+—$SO_4^{2-}+Cl^-+HCO_3^-$	3 368.96	3 368.96	3 368.96
	$Na^++Mg^{2+}+Ca^{2+}$—$HCO_3^-+SO_4^{2-}+Cl^-$	1 017.91	1 031.33	1 004.48
	Na^++Mg^{2+}—$Cl^-+HCO_3^-$	4 899.33	4 899.33	4 899.33
	Na^++Mg^{2+}—$Cl^-+HCO_3^-+SO_4^{2-}$	1 452.25	1 452.25	1 452.25
	Na^++Mg^{2+}—$Cl^-+SO_4^{2-}$	4 216.69	6 950.53	1 999.53
	Na^++Mg^{2+}—$SO_4^{2-}+HCO_3^-+Cl^-$	1 204.09	1 204.09	1 204.09
	Na^+—Cl^-	1 385.44	1 385.44	1 385.44
	Na^+—$Cl^-+HCO_3^-$	1 467.91	1 808.14	1 127.68
	Na^+—$Cl^-+HCO_3^-+SO_4^{2-}$	1 352.66	1 394.73	1 310.58
	Na^+—$Cl^-+SO_4^{2-}$	3 176.92	3 991.54	2 362.30

续表

分类 1	分类 2	TDS(mg/L)		
		均值	最大值	最小值
$Na^+-HCO_3^-$ (35.5%)	$Na^++Ca^{2+}+Mg^{2+}-Cl^-+HCO_3^-+SO_4^{2-}$	907.21	907.21	907.21
	$Na^++Ca^{2+}+Mg^{2+}-HCO_3^-$	708.01	787.15	619.37
	$Na^++Ca^{2+}+Mg^{2+}-HCO_3^-+SO_4^{2-}$	774.89	774.89	774.89
	$Na^++Ca^{2+}-HCO_3^-$	367.08	429.10	305.06
	$Na^++Ca^{2+}-HCO_3^-+SO_4^{2-}$	1 011.25	1 011.25	1 011.25
	$Na^++Mg^{2+}+Ca^{2+}-HCO_3^-$	414.30	487.76	322.26
	$Na^++Mg^{2+}-Cl^-+SO_4^{2-}+HCO_3^-$	1 683.72	1 935.39	1 432.05
	$Na^++Mg^{2+}-HCO_3^-$	796.07	1 175.75	506.31
	$Na^++Mg^{2+}-HCO_3^-+Cl^-$	1 013.56	1 130.3	896.82
	$Na^++Mg^{2+}-HCO_3^-+Cl^-+SO_4^{2-}$	987.06	1 056.58	929.39
	$Na^+-Cl^-+SO_4^{2-}+HCO_3^-$	1 853.29	1 853.29	1 853.29
	$Na^+-HCO_3^-$	584.51	584.51	584.51
	$Na^+-HCO_3^-+Cl^-$	1 151.88	2 080.12	715.34
	$Na^+-HCO_3^-+Cl^-+SO_4^{2-}$	1 517.94	1 517.94	1 517.94
$Na^+-SO_4^{2-}$ (4.3%)	$Na^++Mg^{2+}-HCO_3^-+SO_4^{2-}$	1 111.56	1 136.98	1 086.14
	$Na^++Mg^{2+}-SO_4^{2-}+Cl^-$	3 825.46	3 825.46	3 825.46
	$Na^++Mg^{2+}-SO_4^{2-}+HCO_3^-$	1 480.38	1 480.38	1 480.38
	$Na^+-HCO_3^-+SO_4^{2-}+Cl^-$	1 464.89	1 764.36	1 165.41

通过水化学类型来看,西乌旗南部苏木镇(浩勒图高勒镇、巴彦花镇南部、乌兰哈拉嘎苏木南部等)的水化学类型以 $Ca^{2+}-HCO_3^-$ 型为主,而北部地区水化学类型则以 $Na^+-HCO_3^-$、Na^+-Cl^- 型为主,详见表 5.1-3。

表 5.1-3　西乌旗各苏木镇水化学类型统计表(分类 1)

区域	$Ca^{2+}-HCO_3^-$	$Mg^{2+}-HCO_3^-$	Na^+-Cl^-	$Na^+-HCO_3^-$	$Na^+-SO_4^{2-}$	总计
巴彦胡舒苏木	4	4	8	14	1	31
巴彦花镇	6	—	—	4	—	10
高日罕镇	2	—	—	1	—	3
浩勒图高勒镇	13	—	—	2	—	15
吉仁高勒镇	1	1	5	9	1	17
乌兰哈拉嘎苏木	7	1	4	3	2	17
总计	33	6	17	33	4	93

5.1.2 派帕三线图法(Piper 图)

应用测定的地下水中阴阳离子的相对含量来绘制能够显示地下水化学特性的图的方法称为图解法。派帕三线图用图形的方式对地下水的化学成分进行展示,更好地显示各种地下水的化学特性,有助于研究人员对水质分析结果进行比较,发现异同点。派帕三线图由美国学者 A. M. 派帕于 1944 年提出,并得到广泛应用。

派帕三线图以三组主要的阳离子(Ca^{2+}、Mg^{2+}、$Na^+ + K^+$)和阴离子(Cl、SO_4^{2-}、$HCO_3^- + CO_3^{2-}$)毫克当量每升的百分数来表示。左下方和右下方为两张等边三角形域,中间上方夹一张菱形域,每域的边长均 100 等分。在左下方三角形域中,三个主要阳离子反应值的百分数能确定一个坐标,右下方三角形域中,阴离子亦用同样方法表示。通过这两点并与三角形外边平行做射线,在菱形内可相交一点,这一点表明地下水总体化学性质,并用阴阳离子表示地下水的相对成分。再根据阴阳离子的浓度计算出矿化度的数值,按照比例可确定菱形域交点圆圈的半径,即圆圈面积的大小与地下水矿化度的大小呈正相关(图 5.1-1)。

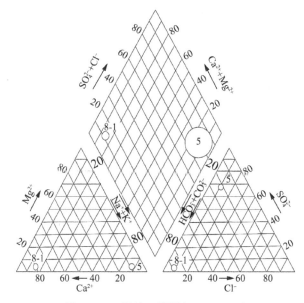

图 5.1-1 派帕三线图(Piper,1953)

从图 5.1-2 中可以明显看出,钠离子和钾离子增加、钙离子减少,碳酸根离子以及碳酸氢根离子减少、氯离子增加是西乌旗地下水水质变差的重要特征。

西乌旗北部地区,例如吉仁高勒镇以及巴彦胡舒苏木等苦咸水所在的地区往往呈 Na^+—Cl^- 型。

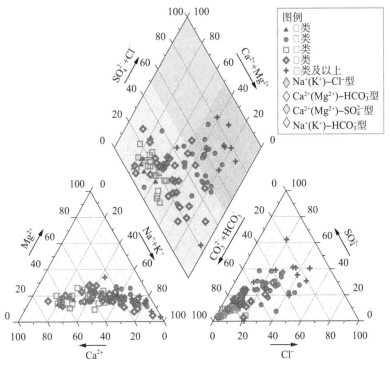

图 5.1-2　西乌旗地下水 Piper 图

5.2　感观性状指标

感观性状和一般化学指标包括 5 个感官性状指标,分别为色(度)、嗅和味(描述)、浑浊度(NTU)、肉眼可见物、pH,以及 12 个一般化学指标。本研究采集的地下水样品中,5 项感官性状指标均有不同程度超标。

5.2.1　色

饮用水理应无色透明。地下水的色泽常取决于土壤腐殖质成分中带色有机物(主要是腐植酸和棕黑色或棕褐色富里酸)。水的颜色也受铁或其他金属的强烈影响。

铂-钴标准比色法是国家生活饮用水和环境水质检测的标准方法,该方法适用于清洁水、轻度污染并略带黄色色调的水,例如地表水、地下水和生活饮用水等。本次调查色度检测就是采用的铂-钴标准比色法。单从色这个指标来看,323 件地下水样品中(不含疏干水与地表水样品),Ⅰ类水共有 213 件(Ⅰ类和Ⅱ类水色指标的限值相同,均为 5,根据从优不从劣的原则,小于等于 5 个铂-钴色度单位的地下水样品均按Ⅰ类水考虑),占 66%;Ⅲ类水 100 件,占 31%,Ⅳ和Ⅴ类水相对较少,仅为 10 件,占比为 3% 左右,详见图 5.2-1。

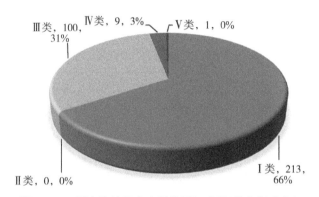

图 5.2-1　西乌旗地下水水质类型组成(评价指标为色)

从空间分布来看,Ⅴ类地下水(色度单指标)出现在吉仁高勒镇杰仁嘎查某牧户家,其井水存在大量黑色沉淀和絮状物、透明度差,且有较强臭味。Ⅳ类地下水(色度单指标)分布较为分散,在西乌旗主要苏木、镇都有存在,详见图 5.2-2。

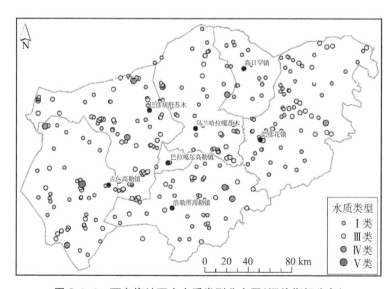

图 5.2-2　西乌旗地下水水质类型分布图(评价指标为色)

5.2.2　嗅和味

根据规范规定,地下水嗅和味主要通过描述来表示,无固定的量化数值。只有地下水中存在来自水体本身的臭味、异味才可判定为 V 类水,否则按照从优不从劣的原则可被判定为 I 类水。

在本次西乌旗地下水环境调查中发现,西乌旗大部分地下水没有明显臭味,为 I 类水,只有吉仁高勒镇杰仁嘎查某牧户家井水不单存在色度高的问题,而且臭味明显,为 V 类水。

5.2.3　浑浊度

浑浊度是水样光学性质的一种表达术语,是衡量水质良好程度的重要指标之一。水中除溶解状态的分子、离子和粒度很大的物质外,其他悬浮的泥沙、有机物、微生物等杂质都是使得地下水变浑浊的原因。

水的浑浊度是由悬浮颗粒或胶体物质阻碍了光在水中的传递而造成的。悬浮颗粒或胶体物质可由无机物或有机物又或两者的混合物组成。微生物(细菌、病毒和原生动物)是典型的附着颗粒,在水处理中通过过滤的方式去除浑浊度可显著减少微生物污染。当水从厌氧环境中被抽取时,惰性黏土、白填土颗粒或者不溶的还原性铁和其他氧化物的析出会引起一些地下水的浑浊。地表水的浑浊度可能由许多种类的微粒造成,甚至可能包括一些威胁健康的附着微生物。

此外,浑浊度为生物体提供了保护,这能严重干扰消毒效率,因此许多水处理在消毒之前要求去除颗粒物。这不仅提升了化学消毒剂(诸如氯和臭氧)的消毒效果,更是确保物理消毒工艺(如紫外照射)有效性的必不可少的步骤,因为光在水中的传输会受微粒影响而受损。

由于浑浊度的可见性,它也可能会对水的可接受性产生消极影响。虽然浊度本身(例如源于地下水矿物质或源于石灰处理的碳酸钙后沉淀)并不一定对健康造成危害,但它是提示危害健康的污染物可能存在的一个重要指示。浊度通过浊度单位(NTU)来测量,肉眼可见的浊度约为 4.0 NTU 以上。

单从浑浊度这个指标来看,西乌旗 323 件地下水样品中(不含疏干水与地表水样品),I 类水共有 87 件(I 类、II 类、III 类水浑浊度指标的限值相同,均为 3,根据从优不从劣的原则,浑浊度小于等于 3 个 NTU 的地下水样品均按 I 类水考虑),占 27%;Ⅳ类水 229 件,Ⅴ类水相对较少,仅为 7 件,详见图 5.2-3、表 5.2-1。

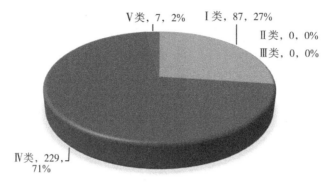

图 5.2-3 西乌旗地下水水质类型组成(评价指标为浑浊度)

表 5.2-1 西乌旗Ⅴ类地下水空间分布情况统计表(浑浊度)

序号	井深(m)	所在苏木(镇)	所在嘎查(村)
1	30	巴彦胡舒苏木	哈日阿图嘎查
2	140	吉仁高勒镇	杰仁嘎查
3	150	吉仁高勒镇	巴彦塔拉嘎查
4	60	浩勒图高勒镇	阿拉坦放都嘎查
5	20	巴彦花镇	乌兰图嘎嘎查村
6	104	乌兰哈拉嘎苏木	萨如拉图雅嘎查
7	70	乌兰哈拉嘎苏木	巴彦敖包图嘎查

5.2.4 肉眼可见物

根据规范规定,地下水肉眼可见物主要通过直接观测法来检测,其检测结果以描述性语言表示,无固定的量化数值。只要地下水中存在肉眼可见物即可判定为Ⅴ类水,否则按照从优不从劣的原则可被判定为Ⅰ类水。

根据检测报告,西乌旗 323 件地下水样品中(不含疏干水与地表水样品),有 28 件样品存在泥沙、微量黄色或棕色沉淀等,属于Ⅴ类水,占 9%,详见图5.2-4、图 5.2-5、表 5.2-2。

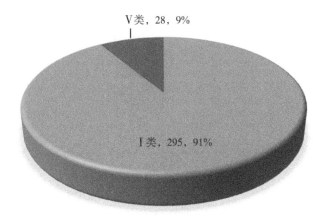

图 5.2-4　西乌旗地下水水质类型组成(评价指标为肉眼可见物)

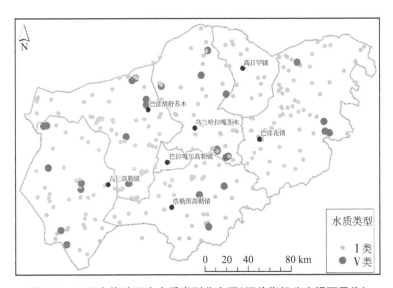

图 5.2-5　西乌旗地下水水质类型分布图(评价指标为肉眼可见物)

表 5.2-2　西乌旗Ⅴ类地下水空间分布情况统计表(肉眼可见物)

序号	井深(m)	所在苏木(镇)	所在嘎查(村)
1	20	巴彦胡舒苏木	布日敦嘎查
2	110	巴彦花镇	萨如拉宝拉格嘎查
3	120	巴彦花镇	萨如拉宝拉格嘎查
4	114	巴彦花镇	阿拉坦兴安嘎查

续表

序号	井深(m)	所在苏木(镇)	所在嘎查(村)
5	80	巴彦胡舒苏木	萨如拉努特格嘎查
6	150	吉仁高勒镇	巴彦塔拉嘎查
7	60	乌兰哈拉嘎苏木	额日和图敖包嘎查
8	20	乌兰哈拉嘎苏木	额日和图敖包嘎查
9	5	巴彦胡舒苏木	巴彦查干嘎查
10	160～170	乌兰哈拉嘎苏木	巴彦柴达木嘎查
11	50	吉仁高勒镇	哈流图嘎查
12	80	乌兰哈拉嘎苏木	萨如拉图雅嘎查
13	20	巴彦花镇	唐斯格嘎查
14	190	乌兰哈拉嘎苏木	萨如拉图雅嘎查
15	100	乌兰哈拉嘎苏木	萨如拉图雅嘎查
16	10	巴彦胡舒苏木	舒图嘎查村
17	100	吉仁高勒镇	杰仁嘎查
18	140	吉仁高勒镇	杰仁嘎查
19	10	吉仁高勒镇	巴彦青格勒嘎查
20	150	吉仁高勒镇	巴彦塔拉嘎查
21	100	吉仁高勒镇	扎格斯台嘎查
22	51	巴彦胡舒苏木	巴彦查干嘎查
23	103	巴彦胡舒苏木	宝力根嘎查
24	3	浩勒图高勒镇	脑干宝拉格嘎查
25	60	浩勒图高勒镇	阿拉坦敖都嘎查
26	16	浩勒图高勒镇	哈拉盖图嘎查
27	104	乌兰哈拉嘎苏木	萨如拉图雅嘎查
28	13	乌兰哈拉嘎苏木	额仁淖尔嘎查

5.2.5　pH

pH 测试原理是将规定的指示电极和参比电极浸入同一被测溶液中,构成原电池,其电动势与溶液中氢离子的浓度遵循能斯特公式,通过测量原电池的电动势即可得出溶液的 pH。

地下水 pH 反映地下水的酸碱性,其大小主要决定于水中 CO_2、HCO_3^- 或 CO_3^{2-} 的含量。地下水中 pH 通常对用水户没有直接影响,但它却是最重要的水质参数之一。在集中供水系统中,为保证氯消毒效果,pH 应尽量低于 8。但是 pH 较低的水(pH 约为 7 或更低)更容易有腐蚀性。

按照规范规定,当 pH 大于等于 6.5 且小于等于 8.5 时,地下水为优质水(Ⅰ、Ⅱ与Ⅲ类水限值相同),否则为Ⅳ类或者Ⅴ类水。本次采集 323 件地下水样品中(不含疏干水及地表水样品),地下水的 pH 处于 6.31～8.69,共有 4 件样品属于Ⅳ类水,无Ⅴ类水,详见表 5.2-3。pH 超标情况并不严重。

四件Ⅳ类水样品中有两件分布在吉仁高勒镇(pH 偏碱性),其余两件分别分布在浩勒图高勒镇(pH 偏碱性)和乌兰哈拉嘎苏木(pH 偏酸性)。一方面,四件样品中三件偏碱性样品 pH 仅比相关规范给定的Ⅰ～Ⅲ类水 pH 上限值高出 0.04～0.19,一件偏酸性地下水的 pH 也仅比Ⅰ～Ⅲ类水 pH 下限值小0.19,超标样品数量少且超标幅度较小;另一方面,四者空间距离相距较远,最小距离也在 40 km 以上,无有规律的空间渐变关系。

表 5.2-3　西乌旗Ⅳ类地下水空间分布情况统计表(pH)

序号	井深(m)	所在苏木(镇)	所在嘎查(村)	pH
1	8	吉仁高勒镇	杰仁嘎查	8.69
2	110	吉仁高勒镇	巴彦高勒嘎查	8.54
3	6	浩勒图高勒镇	巴拉嘎尔高勒嘎查	8.66
4	70	乌兰哈拉嘎苏木	巴彦敖包图嘎查	6.31

5.3 无机盐类

5.3.1 总硬度

反映水中含盐的特性指标,其值为钙、镁、铁、铝、锰、锶等溶解盐类的含量。但是在天然水中,钙、镁离子的含量,相对来说远远大于其他金属离子,故通常可近似地以钙、镁的含量计算总硬度。将测得的钙、镁含量(mg/L),分别换算为碳酸钙(mg/L)后相加,即得规范规定的总硬度。

根据地下水环境相关规范,本次测试 323 件地下水样品中 I 类,II 类、III 类、IV 类以及 V 类地下水的样品数量分别为 4、126、152、27 以及 14 件,各类地下水组成比例如图 5.3-1 所示。

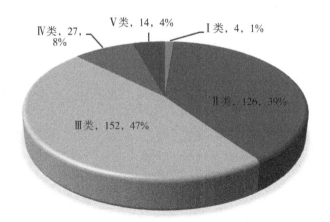

图 5.3-1 西乌旗地下水水质类型组成(评价指标为总硬度)

单以总硬度而言,IV 类以及 V 类地下水共有 41 件,占 13%。关于这类地下水,当地农牧民直观感受为水咸,有水垢、水碱、水锈,因此,部分居民从其他地方拉水吃。这 41 件地下水样品分布在西乌旗各个苏木镇,详见表 5.3-1 及图 5.3-2。

表 5.3-1 西乌旗IV类及V类地下水空间分布情况统计表(总硬度)

序号	井深(m)	所在苏木(镇)	所在嘎查(村)	类型
1	51	巴彦胡舒苏木	巴彦查干嘎查	IV
2	100	巴彦胡舒苏木	宝力根嘎查	V

续表

序号	井深（m）	所在苏木（镇）	所在嘎查（村）	类型
3	4	巴彦胡舒苏木	布日敦嘎查	IV
4	40	巴彦胡舒苏木	布日敦嘎查	IV
5	56	巴彦胡舒苏木	柴达木嘎查	IV
6	6	巴彦胡舒苏木	柴达木嘎查	V
7	—	巴彦胡舒苏木	哈日阿图嘎查	IV
8	30	巴彦胡舒苏木	哈日阿图嘎查	V
9	17	巴彦胡舒苏木	洪格尔嘎查	IV
10	56	巴彦胡舒苏木	呼日勒图嘎查	IV
11	—	巴彦胡舒苏木	萨如拉努特格嘎查	IV
12	240	巴彦胡舒苏木	萨如拉锡勒嘎查	IV
13	70	巴彦胡舒苏木	松根嘎查	IV
14	50	巴彦胡舒苏木	松根嘎查	IV
15	30	巴彦胡舒苏木	松根嘎查	V
16	15	巴彦花镇	巴彦都日格嘎查	IV
17	50	巴彦花镇	巴彦都日格嘎查	IV
18	28	巴彦花镇	巴彦都日格嘎查	IV
19	40	巴彦花镇	唐斯格嘎查	IV
20	—	巴彦花镇	唐斯格嘎查	V
21	20	巴彦花镇	乌兰图嘎嘎查	IV
22	10	高日罕镇	敖仑套海嘎查	IV
23	10	浩勒图高勒镇	萨如拉塔拉嘎查	IV
24	30	浩勒图高勒镇	西乌珠穆沁旗国有林场	V
25	110	吉仁高勒镇	巴彦高勒嘎查	V
26	10	吉仁高勒镇	巴彦青格勒嘎查	IV
27	150	吉仁高勒镇	巴彦塔拉嘎查	IV
28	—	吉仁高勒镇	都日布勒吉嘎查	IV
29	66	吉仁高勒镇	都日布勒吉嘎查	IV
30	62	吉仁高勒镇	呼格吉勒图嘎查	IV

序号	井深(m)	所在苏木(镇)	所在嘎查(村)	类型
31	100	吉仁高勒镇	杰仁嘎查	V
32	30	吉仁高勒镇	乌兰淖尔嘎查	IV
33	20	吉仁高勒镇	乌兰淖尔嘎查	IV
34	100	吉仁高勒镇	扎格斯台嘎查	IV
35	70	乌兰哈拉嘎苏木	巴彦敖包图嘎查	V
36	60	乌兰哈拉嘎苏木	巴彦柴达木嘎查	IV
37	80	乌兰哈拉嘎苏木	巴彦柴达木嘎查	V
38	90	乌兰哈拉嘎苏木	巴彦柴达木嘎查	V
39	13	乌兰哈拉嘎苏木	额仁淖尔嘎查	V
40	164	乌兰哈拉嘎苏木	额仁淖尔嘎查	V
41	15	乌兰哈拉嘎苏木	额仁淖尔嘎查	V

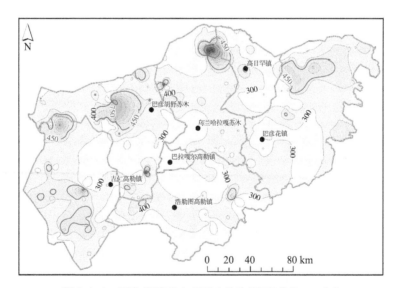

图 5.3-2　西乌旗地下水总硬度等值线图(单位:mg/L)

(红色等值线为IV类和V类水分布区)

5.3.2 溶解性总固体

溶解性总固体(TDS),又称总溶解固体,它表明单位体积的水中溶有多少毫克溶解性固体。TDS 值越高,表示水中含有的杂质越多。通常情况下,溶解性总固体总量低于 600 mg/L 时水的口感较好;当 TDS 约为 1 000 mg/L 时,饮用水的口感明显变差。高浓度的 TDS 也会令水管、加热器、锅炉及家电产生过多的水垢。

西乌旗地下水 TDS 分布在 92.3 ~ 2 324 mg/L 范围内,平均值为855.9 mg/L。按照 TDS 指标,可将西乌旗地下水划分为以下几种类型。其中水质最差(V 类)的地下水样品有 18 件,占比约为 6%,详见图 5.3-3、表5.3-2、图 5.3-4。

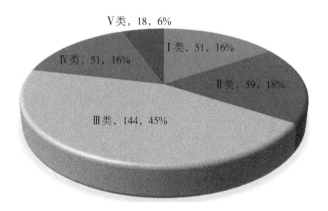

图 5.3-3 西乌旗地下水水质类型组成(评价指标为溶解性总固体)

表 5.3-2 西乌旗 V 类地下水空间分布情况统计表(溶解性总固体)

序号	井深(m)	所在苏木(镇)	所在嘎查(村)
1	未知	巴彦胡舒苏木	巴彦查干嘎查
2	75	吉仁高勒镇	杰仁嘎查
3	未知	巴彦胡舒苏木	布日敦嘎查(北边界)
4	58	乌兰哈拉嘎苏木	巴彦柴达木嘎查
5	130	巴彦胡舒苏木	松根嘎查
6	70	巴彦胡舒苏木	松根嘎查
7	40	浩勒图高勒镇	巴彦宝拉格嘎查

续表

序号	井深(m)	所在苏木(镇)	所在嘎查(村)
8	190	乌兰哈拉嘎苏木	萨如拉图雅嘎查
9	30	巴彦胡舒苏木	哈日阿图嘎查
10	100	吉仁高勒镇	杰仁嘎查
11	140	吉仁高勒镇	杰仁嘎查
12	10	吉仁高勒镇	巴彦青格勒嘎查
13	30	巴彦胡舒苏木	松根嘎查
14	100	巴彦胡舒苏木	宝力根嘎查
15	90	乌兰哈拉嘎苏木	巴彦柴达木嘎查
16	13	乌兰哈拉嘎苏木	额仁淖尔嘎查
17	164	乌兰哈拉嘎苏木	额仁淖尔嘎查
18	15	乌兰哈拉嘎苏木	额仁淖尔嘎查

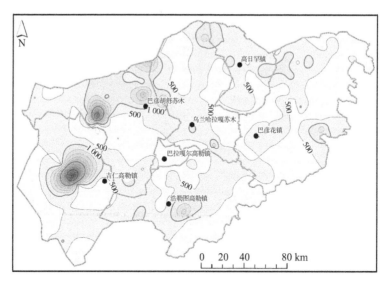

图5.3-4　西乌旗地下水溶解性总固体等值线图(单位:mg/L)

(红色等值线为Ⅳ类和Ⅴ类水分布区)

5.3.3　硫酸盐

　　硫酸盐离子是水中化学成分的主要离子之一,为硫化物的最高氧化态。硫酸盐几乎存在于所有天然水中,火成岩及沉积岩中的金属硫化物(如黄铁矿),

在风化过程中会被水中的溶解氧氧化成硫酸盐。硫酸盐的毒性小,但若浓度太高会使钙沉淀,水中的硫酸盐在厌氧环境下会被微生物还原成硫化氢气体。硫化氢气体在低浓度时有臭鸡蛋气味或硫磺味,有剧毒。

硫酸盐会导致饮用水有明显的味道,高浓度下可能会使用户产生腹泻。其硫酸根结合的阳离子不同,产生的味道也不同;味阈值范围从硫酸钠的 250 mg/L 到硫酸钙的 1 000 mg/L 不等。学术界普遍认为,当硫酸盐浓度低于 250 mg/L 时水中几乎不会有异味,这与我国地下水质量标准Ⅲ类水的上限一致。当硫酸盐浓度高于 250 mg/L 时,适当处理后可用作生活饮用水。

西乌旗地下水中硫酸盐含量分布在 4.89～2 008.06 mg/L 范围内,平均值为 139.90 mg/L,其中Ⅳ类与Ⅴ类地下水(硫酸盐含量大于 250 mg/L)分别约占 5% 和 7%,见图 5.3-5。硫酸盐的毒性小,世界卫生组织尚未制订硫酸盐的健康准则值(《饮用水水质准则》,第四版)。西乌旗地下水中硫酸盐含量较高(Ⅴ类)的地区主要分布在旗西部以及北部,详见表 5.3-3、图 5.3-6。

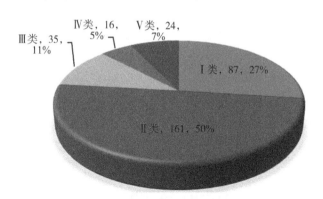

图 5.3-5　西乌旗地下水水质类型组成(评价指标为硫酸盐)

表 5.3-3　西乌旗地下水硫酸盐高值区(＞350 mg/L,Ⅴ类)统计表

序号	井深(m)	所在苏木(镇)	所在嘎查(村)
1	60	巴彦胡舒苏木	宝力根嘎查
2	未知	吉仁高勒镇	呼格吉勒图嘎查
3	80	巴彦胡舒苏木	哈日阿图嘎查
4	140	巴彦花镇	哈日根台嘎查
5	70	巴彦胡舒苏木	柴达木嘎查
6	15	巴彦花镇	巴彦都日格嘎查
7	30	巴彦胡舒苏木	哈日阿图嘎查

续表

序号	井深(m)	所在苏木(镇)	所在嘎查(村)
8	60	吉仁高勒镇	杰仁嘎查
9	56	巴彦胡舒苏木	呼日勒图嘎查
10	100	吉仁高勒镇	杰仁嘎查
11	8	吉仁高勒镇	杰仁嘎查
12	10	吉仁高勒镇	巴彦青格勒嘎查
13	110	吉仁高勒镇	巴彦高勒嘎查
14	66	吉仁高勒镇	都日布勒吉嘎查
15	6	巴彦胡舒苏木	柴达木嘎查
16	30	巴彦胡舒苏木	松根嘎查
17	70	巴彦胡舒苏木	松根嘎查
18	50	巴彦胡舒苏木	松根嘎查
19	100	巴彦胡舒苏木	宝力根嘎查
20	90	乌兰哈拉嘎苏木	巴彦柴达木嘎查
21	60	乌兰哈拉嘎苏木	巴彦柴达木嘎查
22	13	乌兰哈拉嘎苏木	额仁淖尔嘎查
23	164	乌兰哈拉嘎苏木	额仁淖尔嘎查
24	15	乌兰哈拉嘎苏木	额仁淖尔嘎查

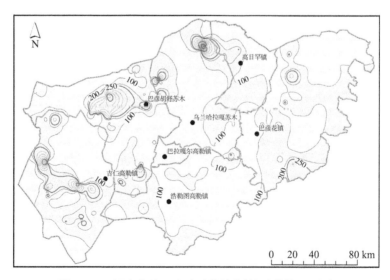

图 5.3-6　西乌旗地下水硫酸盐等值线图(单位:mg/L)

(红色等值线为Ⅳ类和Ⅴ类水分布区)

5.3.4 氯化物

高浓度的氯化物会导致水和饮料的口感有咸味。氯离子的味阈值与它结合的阳离子有关,钠、钾和钙的氯化物的味阈浓度为 200~300 mg/L。当浓度超过 250 mg/L 时,人们更易察觉其中的味道变化,但这也取决于个人取用水的生活习惯。

西乌旗地下水中氯化物的含量处于 7.93~2 310.04 mg/L,平均值为 160.46 mg/L。我国地下水质量标准将Ⅲ类水中氯化物浓度的上限规定为 250 mg/L,西乌旗地下水中Ⅰ~Ⅲ类地下水占比约为 84%,仅有少部分地下水中氯化物浓度高于Ⅳ类水限值(见图 5.3-7、表 5.3-4、图 5.3-8)。

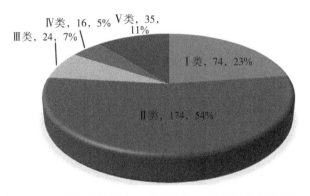

图 5.3-7 西乌旗地下水水质类型组成(评价指标为氯化物)

表 5.3-4 西乌旗地下水氯化物高值区(>350 mg/L,Ⅴ类)统计表

序号	井深(m)	所在苏木(镇)	所在嘎查(村)
1	20	巴彦胡舒苏木	布日敦嘎查
2	75	吉仁高勒镇	杰仁嘎查
3	未知	吉仁高勒镇	巴彦青格勒嘎查
4	未知	乌兰哈拉嘎苏木	额仁淖尔嘎查
5	110	巴彦花镇	萨如拉宝拉格嘎查
6	120	巴彦花镇	萨如拉宝拉格嘎查
7	50	高日罕镇	宝日宝拉格嘎查
8	40	巴彦胡舒苏木	温都来嘎查

续表

序号	井深(m)	所在苏木(镇)	所在嘎查(村)
9	120	乌兰哈拉嘎苏木	额日和图放包嘎查
10	58	乌兰哈拉嘎苏木	巴彦柴达木嘎查
11	4.5	乌兰哈拉嘎苏木	巴彦柴达木嘎查
12	180	巴彦胡舒苏木	巴彦查干嘎查
13	33	巴彦胡舒苏木	巴彦查干嘎查
14	5	巴彦胡舒苏木	巴彦查干嘎查
15	130	巴彦胡舒苏木	松根嘎查
16	70	巴彦胡舒苏木	松根嘎查
17	150	吉仁高勒镇	呼格吉勒图嘎查
18	40	浩勒图高勒镇	巴彦宝拉格嘎查
19	15	巴彦花镇	巴彦都日格嘎查
20	30	巴彦胡舒苏木	哈日阿图嘎查
21	100	吉仁高勒镇	杰仁嘎查
22	140	吉仁高勒镇	杰仁嘎查
23	10	吉仁高勒镇	巴彦青格勒嘎查
24	110	吉仁高勒镇	巴彦高勒嘎查
25	30	吉仁高勒镇	乌兰淖尔嘎查
26	6	巴彦胡舒苏木	柴达木嘎查
27	30	巴彦胡舒苏木	松根嘎查
28	50	巴彦胡舒苏木	松根嘎查
29	100	巴彦胡舒苏木	宝力根嘎查
30	80	乌兰哈拉嘎苏木	巴彦柴达木嘎查
31	90	乌兰哈拉嘎苏木	巴彦柴达木嘎查
32	40	巴彦胡舒苏木	布日敦嘎查
33	13	乌兰哈拉嘎苏木	额仁淖尔嘎查
34	164	乌兰哈拉嘎苏木	额仁淖尔嘎查
35	15	乌兰哈拉嘎苏木	额仁淖尔嘎查

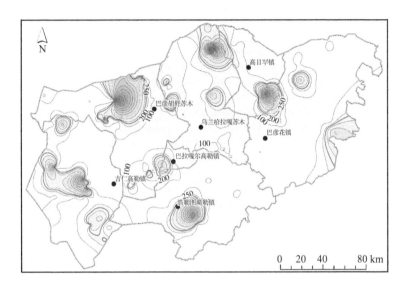

图 5.3-8　西乌旗地下水氯化物等值线图(单位:mg/L)

(红色等值线为Ⅳ类和Ⅴ类水分布区)

5.3.5　钠

钠存在于所有食物(每日主要接触源)和饮用水中。根据世卫组织的相关报告,饮用水中的钠与发生高血压之间的联系尚没有明确的结论。因此,不基于健康准则提出钠的限值。但是饮用水中钠的浓度超过 200 mg/L 时可能会产生难以接受的味道。

西乌旗地下水中钠的含量变化很大,最大值为 2 256 mg/L,最小值为 8.22 mg/L,平均值为 172.42 mg/L。根据地下水质量标准,地下水中钠的含量小于等于 200 mg/L 时,可判断地下水为Ⅲ类或优于Ⅲ类水,否则为Ⅳ类或Ⅴ类水。按照这一准则,西乌旗地下水中约有 27% 为Ⅳ类和Ⅴ类水(见图 5.3-9),详细Ⅳ类和Ⅴ类水的分布情况见表 5.3-5。

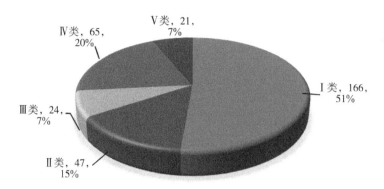

图 5.3-9　西乌旗地下水水质类型组成（评价指标为钠）

表 5.3-5　西乌旗地下水钠含量高值区（＞200 mg/L，Ⅳ类及Ⅴ类）统计表

序号	井深（m）	所在苏木（镇）	所在嘎查（村）	类型
1	49～80	巴彦胡舒苏木	布日敦嘎查	Ⅴ
2	未知	巴彦胡舒苏木	巴彦查干嘎查	Ⅴ
3	12	巴彦胡舒苏木	布日敦嘎查	Ⅳ
4	20	巴彦胡舒苏木	布日敦嘎查	Ⅳ
5	80	巴彦胡舒苏木	宝力根嘎查	Ⅳ
6	60	巴彦胡舒苏木	宝力根嘎查	Ⅳ
7	70	吉仁高勒镇	扎格斯台嘎查	Ⅳ
8	20	浩勒图高勒镇	巴颜额日和图嘎查	Ⅳ
9	11	浩勒图高勒镇	洪格尔敖包嘎查	Ⅳ
10	20	浩勒图高勒镇	雅日盖图嘎查（南边界）	Ⅴ
11	10	乌兰哈拉嘎苏木	达布斯图嘎查	Ⅴ
12	未知	巴彦花镇	查干包古图嘎查	Ⅳ
13	110	巴彦花镇	萨如拉宝拉格嘎查	Ⅳ
14	未知	巴彦花镇	阿拉坦兴安嘎查	Ⅳ
15	60	巴彦胡舒苏木	舒图嘎查	Ⅴ
16	未知	吉仁高勒镇	巴彦青格勒嘎查	Ⅳ
17	40	吉仁高勒镇	巴彦乌拉嘎查	Ⅳ
18	8.5	吉仁高勒镇	巴彦青格勒嘎查	Ⅳ
19	20	浩勒图高勒镇	阿拉坦高勒嘎查	Ⅳ
20	33	浩勒图高勒镇	阿拉坦敖都嘎查	Ⅳ

续表

序号	井深(m)	所在苏木(镇)	所在嘎查(村)	类型
21	未知	乌兰哈拉嘎苏木	新高勒嘎查	IV
22	58	乌兰哈拉嘎苏木	巴彦柴达木嘎查	IV
23	12	高日罕镇	巴彦海拉斯台嘎查	IV
24	68	高日罕镇	巴彦海拉斯台嘎查	IV
25	35	高日罕镇	巴彦德勒嘎查	IV
26	15.5	巴彦胡舒苏木	巴彦查干嘎查	V
27	130	巴彦胡舒苏木	松根嘎查	IV
28	170	巴彦胡舒苏木	松根嘎查	IV
29	200	巴彦胡舒苏木	松根嘎查	IV
30	150	巴彦胡舒苏木	洪格尔嘎查	IV
31	30	巴彦胡舒苏木	洪格尔嘎查	IV
32	15	巴彦胡舒苏木	洪格尔嘎查	IV
33	20	巴彦胡舒苏木	洪格尔嘎查	IV
34	20	吉仁高勒镇	乌兰淖尔嘎查	IV
35	30	吉仁高勒镇	夏那嘎音宝力格嘎查	IV
36	50	吉仁高勒镇	哈流图嘎查	IV
37	98	吉仁高勒镇	哈流图嘎查	IV
38	150	乌兰哈拉嘎苏木	伊拉勒特嘎查	IV
39	25	巴彦花镇	唐斯格嘎查	IV
40	80	巴彦花镇	唐斯格嘎查	IV
41	20	巴彦花镇	唐斯格嘎查	IV
42	56	巴彦花镇	唐斯格嘎查	IV
43	40	巴彦花镇	唐斯格嘎查	IV
44	40	巴彦花镇	唐斯格嘎查	V
45	50	巴彦花镇	巴彦都日格嘎查	V
46	未知	巴彦花镇	额日敦宝拉格嘎查	IV
47	75	巴彦花镇	乌兰图嘎嘎查	IV
48	110	巴彦花镇	乌兰图嘎嘎查	IV
49	36	巴彦花镇	赛温都尔嘎查	IV
50	190	乌兰哈拉嘎苏木	萨如拉图雅嘎查	V

序号	井深(m)	所在苏木(镇)	所在嘎查(村)	类型
51	30	巴彦胡舒苏木	哈日阿图嘎查	IV
52	130	巴彦胡舒苏木	舒图嘎查	IV
53	10	巴彦胡舒苏木	舒图嘎查	IV
54	7	吉仁高勒镇	呼格吉勒图嘎查	IV
55	62	吉仁高勒镇	呼格吉勒图嘎查	IV
56	60	吉仁高勒镇	杰仁嘎查	V
57	56	巴彦胡舒苏木	呼日勒图嘎查	IV
58	100	吉仁高勒镇	杰仁嘎查	V
59	8	吉仁高勒镇	杰仁嘎查	V
60	140	吉仁高勒镇	杰仁嘎查	V
61	10	吉仁高勒镇	巴彦青格勒嘎查	V
62	110	吉仁高勒镇	巴彦高勒嘎查	IV
63	150	吉仁高勒镇	巴彦塔拉嘎查	IV
64	66	吉仁高勒镇	都日布勒吉嘎查	IV
65	60	吉仁高勒镇	都日布勒吉嘎查	IV
66	30	吉仁高勒镇	乌兰淖尔嘎查	IV
67	20	吉仁高勒镇	乌兰淖尔嘎查	IV
68	60	巴彦胡舒苏木	萨如拉努特格嘎查	IV
69	6	巴彦胡舒苏木	柴达木嘎查	IV
70	75	巴彦胡舒苏木	萨如拉努特格嘎查	IV
71	30	巴彦胡舒苏木	松根嘎查	V
72	70	巴彦胡舒苏木	松根嘎查	IV
73	50	巴彦胡舒苏木	松根嘎查	V
74	80	巴彦胡舒苏木	洪格尔嘎查	IV
75	100	巴彦胡舒苏木	宝力根嘎查	V
76	80	乌兰哈拉嘎苏木	巴彦柴达木嘎查	IV
77	90	乌兰哈拉嘎苏木	巴彦柴达木嘎查	V
78	50	乌兰哈拉嘎苏木	巴彦柴达木嘎查	IV
79	60	乌兰哈拉嘎苏木	巴彦柴达木嘎查	IV
80	40	巴彦胡舒苏木	布日敦嘎查	IV

续表

序号	井深(m)	所在苏木(镇)	所在嘎查(村)	类型
81	40	巴彦花镇	巴彦都日格嘎查	IV
82	100	乌兰哈拉嘎苏木	萨如拉图雅嘎查	IV
83	12	高日罕镇	宝日胡硕嘎查	IV
84	13	乌兰哈拉嘎苏木	额仁淖尔嘎查	V
85	164	乌兰哈拉嘎苏木	额仁淖尔嘎查	V
86	15	乌兰哈拉嘎苏木	额仁淖尔嘎查	V

从空间分布来看,西乌旗钠含量异常区最主要集中在北部的巴彦胡舒苏木,其次为吉仁高勒镇和高日罕镇(见图5.3-10)。西乌旗南部和东南部地下水无大范围钠含量异常,仅有个别零星高值区分布(主要为钠指标的IV类水)。这一分布规律与前述总硬度、溶解性总固体、硫酸盐等指标的分布规律相似。

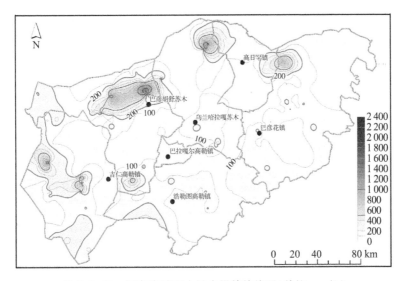

图5.3-10　西乌旗地下水钠含量等值线图(单位:mg/L)

(红色等值线为IV类和V类水分布区)

5.3.6 硫化物

很多天然水体及工业废水中都有硫化物的存在。水中硫化物包括溶解性的 H_2S、HS^-、S^{2-} 等,存在于悬浮物中的可溶性硫化物、酸溶性金属硫化物,以及未电离的有机、无机类硫化物。

水中硫化氢的味阈值和嗅阈值约为 $0.05\sim0.1\ mg/L$。一些地下水和滞留在输配水系统中的饮用水有明显的硫化氢独有的"臭鸡蛋"气味,这是水中的氧被耗尽后,细菌活动将硫酸盐还原成硫化氢的结果。经过曝气或者氧化处理,硫化氢会很快被氧化成硫酸盐。经过氧化处理的水中硫化氢的含量通常很低。消费者很容易就能察觉到水中存在硫化氢并且会要求立刻采取改善措施。人不大可能会饮用含达到有害剂量的硫化氢的饮用水,因此,世界卫生组织并没有为该化合物制订相应的健康准则值(《饮用水水质准则》,第四版)。

根据地下水质量标准,西乌旗地下水中硫化物指标不合格的只有一处,出现在吉仁高勒镇杰仁嘎查某牧户家,其井水存在大量黑色沉淀和絮状物,透明度差,且有较强臭味。该臭味与硫化氢、氨氮等多个指标超标相关。

5.4 重金属

5.4.1 铁

铁是地壳中含量最丰富的金属之一。天然淡水中所见的浓度为 $0.5\sim50\ mg/L$。铁也可能由于净水过程中铁絮凝剂的使用,或钢和铸铁配水管的腐蚀而存在于饮用水中。

厌氧环境下的地下水中可能含有浓度高达几毫克每升的亚铁离子,当直接用泵从井中抽水时,水并不会呈现出颜色或者浑浊。然而一旦接触到空气,二价铁被氧化成三价铁,就会使水呈现出令人反感的红棕色。

铁是人体营养必需的元素,特别是氧化态的二价铁离子。人对铁的最低日需求量取决于年龄、性别、生理状况和铁的生物利用率,估计范围在 $10\sim50\ mg/d$。饮用水的味道和外观通常在低于人体铁过量水平时已发生变化。

铁也会促进"铁细菌"的生长,它们从二价铁氧化成三价铁的过程中获取能量,并在管道上形成一层黏滑的附着沉积层。当铁离子的浓度超过 $0.3\ mg/L$

时,可能会使洗涤的衣物和管道设备染上颜色。铁的浓度在 0.3 mg/L 以下通常不会有明显的味道,尽管水的色度和浊度可能会有所升高。

　　根据本次调查成果,西乌旗地下水中铁的含量为 0.005～3.2 mg/L,平均值为 0.28 mg/L。根据我国地下水质量标准,Ⅳ类以及Ⅴ类水中铁的下限分别为 0.3 mg/L 和 2 mg/L。单从铁这一项指标而言,西乌旗Ⅳ类地下水就占到 43%,Ⅴ类地下水占到 1%,见图 5.4-1。可见西乌旗地下水中铁含量偏高,见表 5.4-1、图 5.4-2。

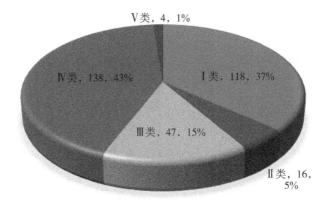

图 5.4-1　西乌旗地下水水质类型组成(评价指标为铁)

表 5.4-1　西乌旗地下水铁含量高值区(>0.3 mg/L,Ⅳ类及Ⅴ类)统计表

序号	所在苏木(镇)	所在嘎查(村)	类型
1	巴拉嘎尔高勒镇	巴拉嘎尔高勒镇	Ⅳ
2	巴彦胡舒苏木	巴彦查干嘎查	Ⅳ
3	巴彦胡舒苏木	巴彦查干嘎查	Ⅳ
4	巴彦胡舒苏木	巴彦查干嘎查	Ⅳ
5	巴彦胡舒苏木	宝力根嘎查	Ⅳ
6	巴彦胡舒苏木	宝力根嘎查	Ⅳ
7	巴彦胡舒苏木	宝力根嘎查	Ⅳ
8	巴彦胡舒苏木	布日敦嘎查	Ⅳ
9	巴彦胡舒苏木	布日敦嘎查	Ⅳ
10	巴彦胡舒苏木	布日敦嘎查—北边界	Ⅳ
11	巴彦胡舒苏木	柴达木嘎查	Ⅳ

序号	所在苏木(镇)	所在嘎查(村)	类型
12	巴彦胡舒苏木	楚鲁图嘎查	IV
13	巴彦胡舒苏木	楚鲁图嘎查	IV
14	巴彦胡舒苏木	哈日阿图嘎查	IV
15	巴彦胡舒苏木	哈日阿图嘎查	IV
16	巴彦胡舒苏木	洪格尔嘎查	IV
17	巴彦胡舒苏木	洪格尔嘎查	IV
18	巴彦胡舒苏木	洪格尔嘎查	IV
19	巴彦胡舒苏木	呼日勒图嘎查	IV
20	巴彦胡舒苏木	呼日勒图嘎查	IV
21	巴彦胡舒苏木	萨如拉努特格嘎查	IV
22	巴彦胡舒苏木	萨如拉努特格嘎查	IV
23	巴彦胡舒苏木	萨如拉努特格嘎查	IV
24	巴彦胡舒苏木	赛罕淖尔嘎查	IV
25	巴彦胡舒苏木	舒图嘎查	IV
26	巴彦胡舒苏木	舒图嘎查	IV
27	巴彦胡舒苏木	松根嘎查	IV
28	巴彦胡舒苏木	松根嘎查	IV
29	巴彦胡舒苏木	松根嘎查	IV
30	巴彦胡舒苏木	松根嘎查	IV
31	巴彦胡舒苏木	温都来嘎查	IV
32	巴彦胡舒苏木	温都来嘎查	IV
33	巴彦花镇	阿拉坦兴安嘎查	IV
34	巴彦花镇	阿拉坦兴安嘎查	IV
35	巴彦花镇	阿拉坦兴安嘎查	IV
36	巴彦花镇	巴彦都日格嘎查	IV
37	巴彦花镇	巴彦都日格嘎查	IV
38	巴彦花镇	巴彦都日格嘎查	IV
39	巴彦花镇	巴彦都日格嘎查	IV

序号	所在苏木(镇)	所在嘎查(村)	类型
40	巴彦花镇	巴彦浩勒图嘎查	IV
41	巴彦花镇	巴彦浩勒图嘎查	IV
42	巴彦花镇	巴彦胡博嘎查	IV
43	巴彦花镇	巴彦胡博嘎查	IV
44	巴彦花镇	巴彦胡博嘎查	IV
45	巴彦花镇	宝日胡舒嘎查	IV
46	巴彦花镇	宝日胡舒嘎查	IV
47	巴彦花镇	查干包古图嘎查	IV
48	巴彦花镇	额日敦宝拉格嘎查	IV
49	巴彦花镇	额日敦宝拉格嘎查	IV
50	巴彦花镇	哈日根台嘎查	IV
51	巴彦花镇	罕乌拉嘎查	IV
52	巴彦花镇	罕乌拉嘎查	IV
53	巴彦花镇	萨如拉宝拉格嘎查	IV
54	巴彦花镇	萨如拉宝拉格嘎查	IV
55	巴彦花镇	萨如拉宝拉格嘎查	IV
56	巴彦花镇	赛温都尔嘎查	IV
57	巴彦花镇	赛温都尔嘎查	IV
58	巴彦花镇	唐斯格嘎查	IV
59	巴彦花镇	唐斯格嘎查	IV
60	巴彦花镇	唐斯格嘎查	IV
61	巴彦花镇	唐斯格嘎查	IV
62	巴彦花镇	唐斯格嘎查	IV
63	巴彦花镇	唐斯格嘎查	IV
64	巴彦花镇	乌兰图嘎嘎查	IV
65	巴彦花镇	乌兰图嘎嘎查	IV
66	巴彦花镇	乌仁图雅嘎查	IV
67	高日罕镇	巴彦德勒嘎查	IV

序号	所在苏木(镇)	所在嘎查(村)	类型
68	高日罕镇	巴彦德勒嘎查	IV
69	高日罕镇	巴彦海拉斯台嘎查	IV
70	高日罕镇	宝日宝拉格嘎查	IV
71	高日罕镇	宝日胡硕嘎查	IV
72	高日罕镇	宝日胡硕嘎查	IV
73	高日罕镇	格日勒图嘎查	IV
74	高日罕镇	图拉嘎嘎查	IV
75	高日罕镇	图拉嘎嘎查	IV
76	高日罕镇	图拉嘎嘎查	IV
77	浩勒图高勒镇	阿拉坦放都嘎查	IV
78	浩勒图高勒镇	阿拉坦放都嘎查	IV
79	浩勒图高勒镇	阿拉坦高勒嘎查	V
80	浩勒图高勒镇	巴拉嘎尔高勒嘎查	IV
81	浩勒图高勒镇	巴拉嘎尔高勒嘎查	IV
82	浩勒图高勒镇	巴颜额日和图嘎查	IV
83	浩勒图高勒镇	巴颜额日和图嘎查	IV
84	浩勒图高勒镇	巴彦宝拉格嘎查	IV
85	浩勒图高勒镇	巴彦宝拉格嘎查	IV
86	浩勒图高勒镇	巴彦胡舒嘎查	IV
87	浩勒图高勒镇	巴彦温都日呼嘎查	IV
88	浩勒图高勒镇	哈布其拉嘎查	IV
89	浩勒图高勒镇	巴彦宝拉格嘎查	IV
90	浩勒图高勒镇	脑干宝拉格嘎查	IV
91	浩勒图高勒镇	乌日吉勒嘎查	IV
92	浩勒图高勒镇	西乌珠穆沁旗国有林场	IV
93	浩勒图高勒镇	西乌珠穆沁旗国有林场	IV
94	浩勒图高勒镇	新宝拉格嘎查	IV
95	浩勒图高勒镇	雅日盖图嘎查	IV

续表

序号	所在苏木(镇)	所在嘎查(村)	类型
96	浩勒图高勒镇	雅日盖图嘎查	IV
97	浩勒图高勒镇	雅日盖图嘎查	IV
98	吉仁高勒镇	阿拉塔图嘎查	IV
99	吉仁高勒镇	巴彦高勒嘎查	IV
100	吉仁高勒镇	巴彦洪格尔嘎查	IV
101	吉仁高勒镇	巴彦青格勒嘎查	IV
102	吉仁高勒镇	阿拉塔图嘎查	IV
103	吉仁高勒镇	巴彦乌拉嘎查	IV
104	吉仁高勒镇	宝拉格嘎查	IV
105	吉仁高勒镇	阿拉塔图嘎查	IV
106	吉仁高勒镇	古日班宝拉格嘎查	IV
107	吉仁高勒镇	古日班宝拉格嘎查	IV
108	吉仁高勒镇	哈流图嘎查	IV
109	吉仁高勒镇	呼和锡力嘎查	IV
110	吉仁高勒镇	杰仁嘎查	V
111	吉仁高勒镇	杰仁嘎查	IV
112	吉仁高勒镇	乌兰淖尔嘎查	IV
113	吉仁高勒镇	乌兰淖尔嘎查	IV
114	吉仁高勒镇	夏那嘎音宝力格嘎查	IV
115	吉仁高勒镇	扎格斯台嘎查	IV
116	乌兰哈拉嘎苏木	阿日胡舒嘎查	IV
117	乌兰哈拉嘎苏木	巴棋宝拉格嘎查	IV
118	乌兰哈拉嘎苏木	巴棋宝拉格嘎查	IV

续表

序号	所在苏木(镇)	所在嘎查(村)	类型
119	乌兰哈拉嘎苏木	巴彦敖包图嘎查	IV
120	乌兰哈拉嘎苏木	巴彦敖包图嘎查	IV
121	乌兰哈拉嘎苏木	巴彦敖包图嘎查	IV
122	乌兰哈拉嘎苏木	巴彦柴达木嘎查	IV
123	乌兰哈拉嘎苏木	巴彦柴达木嘎查	IV
124	乌兰哈拉嘎苏木	巴彦柴达木嘎查	IV
125	乌兰哈拉嘎苏木	巴彦柴达木嘎查	IV
126	乌兰哈拉嘎苏木	巴彦柴达木嘎查	IV
127	乌兰哈拉嘎苏木	巴彦柴达木嘎查	IV
128	乌兰哈拉嘎苏木	巴彦淖尔嘎查	IV
129	乌兰哈拉嘎苏木	巴彦淖尔嘎查	IV
130	乌兰哈拉嘎苏木	达布斯图嘎查	IV
131	乌兰哈拉嘎苏木	达布希勒图嘎查	IV
132	乌兰哈拉嘎苏木	额仁淖尔嘎查	IV
133	乌兰哈拉嘎苏木	额仁淖尔嘎查	IV
134	乌兰哈拉嘎苏木	额日和图敖包嘎查	IV
135	乌兰哈拉嘎苏木	萨如拉图雅嘎查	IV
136	乌兰哈拉嘎苏木	萨如拉图雅嘎查	IV
137	乌兰哈拉嘎苏木	萨如拉图雅嘎查	IV
138	乌兰哈拉嘎苏木	新高勒嘎查	IV
139	乌兰哈拉嘎苏木	新高勒嘎查	IV
140	乌兰哈拉嘎苏木	伊拉勒特嘎查	IV
141	乌兰哈拉嘎苏木	伊拉勒特嘎查	V
142	乌兰哈拉嘎苏木	伊拉勒特嘎查	V

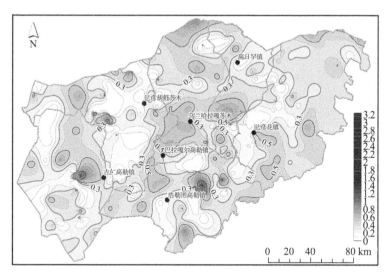

图 5.4-2　西乌旗地下水铁含量等值线图（单位：mg/L）

（红色等值线为Ⅳ类和Ⅴ类水分布区）

5.4.2　锰

　　锰的浓度超过 0.1 mg/L 时，会使酒水饮料产生一种不受欢迎的味道，并使衣物和卫生洁具染色。和铁一样，饮用水中的锰会导致输配水系统中的沉积物累积。其浓度在 0.1 mg/L 以下通常可被用户所接受，浓度在 0.2 mg/L 时，锰经常会在水管上形成一层附着物，这层物质可脱落形成黑色沉淀。锰的健康准则值为 0.4 mg/L，要高于其 0.1 mg/L 的可接受性阈值。

　　根据本次调查，西乌旗地下水中锰的含量范围为 0.001～1.88 mg/L，平均值为 0.047 mg/L。按照地下水质量标准，西乌旗地下水依据锰指标可划分为 5 类，Ⅳ类及Ⅴ类地下水占比约为 5%，见图 5.4-3、表 5.4-2、图 5.4-4。相比于铁，西乌旗地下水中锰超标情况较轻微。

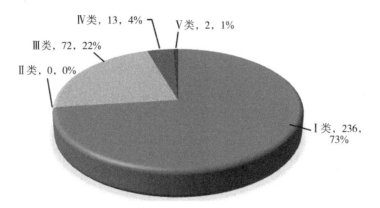

图 5.4-3 西乌旗地下水水质类型组成(评价指标为锰)

表 5.4-2 西乌旗地下水锰含量高值区(>0.1 mg/L,Ⅳ类及Ⅴ类)统计表

序号	井深(m)	所在苏木(镇)	所在嘎查(村)	类型
1	70	乌兰哈拉嘎苏木	巴彦放包图嘎查	Ⅳ
2	80	乌兰哈拉嘎苏木	巴彦柴达木嘎查	Ⅳ
3	140	吉仁高勒镇	杰仁嘎查	Ⅳ
4	10	浩勒图高勒镇	巴拉嘎尔高勒嘎查	Ⅳ
5	3	浩勒图高勒镇	脑干宝拉格嘎查	Ⅴ
6	66	浩勒图高勒镇	乌日吉勒嘎查	Ⅳ
7	40	巴彦花镇	巴彦都日格嘎查	Ⅳ
8	50	巴彦花镇	巴彦都日格嘎查	Ⅳ
9	15	巴彦花镇	巴彦都日格嘎查	Ⅴ
10	74	巴彦花镇	宝日胡舒嘎查	Ⅳ
11	80	巴彦花镇	唐斯格嘎查	Ⅳ
12	40	巴彦胡舒苏木	巴彦查干嘎查	Ⅳ
13	60	巴彦胡舒苏木	宝力根嘎查	Ⅳ
14	12	巴彦胡舒苏木	布日敦嘎查	Ⅳ
15	240	巴彦胡舒苏木	萨如拉锡勒嘎查	Ⅳ

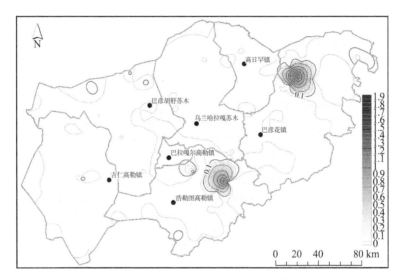

图 5.4-4　西乌旗地下水锰含量等值线图(单位:mg/L)

(红色等值线为Ⅳ类和Ⅴ类水分布区)

5.5　有毒有害成分

5.5.1　氟化物

　　氟是一种常见的元素,广泛分布于地壳中,以氟化物的形式存在于许多矿物质(如萤石、冰晶石和氟磷灰石)中。如水中可以检出痕量的氟化物,在地下水中的浓度则较高。在一些富含氟矿地区,井水氟含量可能达到 10 mg/L,且浓度有可能进一步升高。世界上的许多地区属于高氟地区,特别是在印度、中国、非洲中部和南美洲的一些地方。另外世界上的大部分地区都会有部分区域受到高氟浓度的影响,几乎所有的食品都含有痕量的氟。

　　目前有许多关于通过饮用水长期摄入氟化物的慢性毒性作用的流行病学研究,清楚地表明高氟摄入量主要对骨骼组织(骨骼和牙齿)产生影响,而低浓度氟摄入能够预防儿童和成年人龋齿。在饮用水中,氟化物浓度高达 2 mg/L时,主要还是起保护作用。作为人体必不可少的微量元素,饮用水中所需的最低氟浓度为 0.5 mg/L。不过,饮用水中氟浓度为 0.9～1.2 mg/L 时,配合饮用水的摄入以及其他途径的氟接触,氟会对牙釉质产生不利的影响并可能引起轻微的氟斑牙。轻微的氟斑牙一般无法被发现,需要专业的检查。患氟斑牙的风险与氟的总摄入量有关,不仅仅是受到饮用水氟浓度的影响。提高氟化物的摄入量会对骨骼造成更加严重的影响。当饮用水中氟含量达到 3~6 mg/L 且饮水量较大时,会有氟骨症症状(骨结构产生不利变化)。但只有当饮用水中氟含量超过 10 mg/L 时氟骨症才会发作。

根据《地下水质量标准》(GB/T 14848—2017),Ⅰ~Ⅲ类地下水的氟化物含量上限均为 1 mg/L,Ⅳ类地下水的氟化物上限值为 2 mg/L,大于 2 mg/L 的地下水为Ⅴ类。在本次调查的样品中,Ⅳ类和Ⅴ类氟化物地下水占所有地下水样品的 71.5%,即全旗约七成地下水氟化物超标。其中,氟化物最高含量为 7.19 mg/L,出现在吉仁高勒镇杰仁嘎查某牧民家中,被海流特沟西岸与伊和吉林郭勒南岸环绕。该地区同时也是无机盐等多种污染物的高值区(见图 5.5-1、表 5.5-1)。

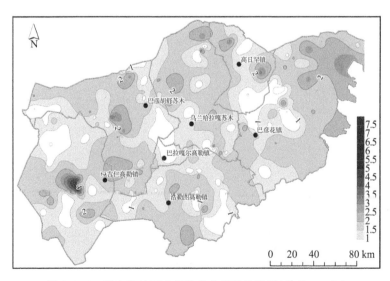

图 5.5-1　西乌旗地下水氟化物含量等值线图(单位:mg/L)

(红色等值线为Ⅳ类和Ⅴ类水分布区)

表 5.5-1　西乌旗地下水氟化物含量高值区统计表（mg/L）

序号	所在苏木（镇）	所在嘎查（村）	类型
1	巴彦花镇	巴彦浩勒图嘎查	IV
2	巴彦花镇	巴彦浩勒图嘎查	IV
3	乌兰哈拉嘎苏木	伊拉勒特嘎查	V
4	乌兰哈拉嘎苏木	伊拉勒特嘎查	IV
5	乌兰哈拉嘎苏木	新高勒嘎查	IV
6	乌兰哈拉嘎苏木	新高勒嘎查	IV
7	乌兰哈拉嘎苏木	萨如拉图雅嘎查	V
8	乌兰哈拉嘎苏木	萨如拉图雅嘎查	V
9	乌兰哈拉嘎苏木	萨如拉图雅嘎查	IV
10	乌兰哈拉嘎苏木	萨如拉图雅嘎查	IV
11	乌兰哈拉嘎苏木	萨如拉图雅嘎查	IV
12	乌兰哈拉嘎苏木	萨如拉图雅嘎查	IV
13	乌兰哈拉嘎苏木	萨如拉图雅嘎查	IV
14	乌兰哈拉嘎苏木	额日和图敖包嘎查	IV
15	乌兰哈拉嘎苏木	额日和图敖包嘎查	IV
16	乌兰哈拉嘎苏木	额日和图敖包嘎查	IV
17	乌兰哈拉嘎苏木	额仁淖尔嘎查	V
18	乌兰哈拉嘎苏木	额仁淖尔嘎查	IV
19	乌兰哈拉嘎苏木	达布斯图嘎查	V
20	乌兰哈拉嘎苏木	达布斯图嘎查	IV
21	乌兰哈拉嘎苏木	巴彦淖尔嘎查	V
22	乌兰哈拉嘎苏木	巴彦淖尔嘎查	IV
23	乌兰哈拉嘎苏木	巴彦柴达木嘎查	V
24	乌兰哈拉嘎苏木	巴彦柴达木嘎查	V
25	乌兰哈拉嘎苏木	巴彦柴达木嘎查	V
26	乌兰哈拉嘎苏木	巴彦柴达木嘎查	V
27	乌兰哈拉嘎苏木	巴彦柴达木嘎查	IV
28	乌兰哈拉嘎苏木	巴彦柴达木嘎查	IV

序号	所在苏木(镇)	所在嘎查(村)	类型
29	乌兰哈拉嘎苏木	巴彦柴达木嘎查	IV
30	乌兰哈拉嘎苏木	巴彦柴达木嘎查	IV
31	乌兰哈拉嘎苏木	巴彦柴达木嘎查	IV
32	乌兰哈拉嘎苏木	巴彦柴达木嘎查	IV
33	乌兰哈拉嘎苏木	巴彦敖包图嘎查	IV
34	乌兰哈拉嘎苏木	巴彦敖包图嘎查	IV
35	乌兰哈拉嘎苏木	巴彦敖包图嘎查	IV
36	乌兰哈拉嘎苏木	巴彦敖包图嘎查	IV
37	乌兰哈拉嘎苏木	巴棋宝拉格嘎查	IV
38	乌兰哈拉嘎苏木	巴棋宝拉格嘎查	IV
39	乌兰哈拉嘎苏木	阿日胡舒嘎查(北边界)	IV
40	吉仁高勒镇	扎格斯台嘎查	IV
41	吉仁高勒镇	夏那嘎音宝力格嘎查	IV
42	吉仁高勒镇	夏那嘎音宝力格嘎查	IV
43	吉仁高勒镇	乌兰淖尔嘎查	V
44	吉仁高勒镇	乌兰淖尔嘎查	IV
45	吉仁高勒镇	乌兰淖尔嘎查	IV
46	吉仁高勒镇	乌兰淖尔嘎查	IV
47	吉仁高勒镇	杰仁嘎查	V
48	吉仁高勒镇	杰仁嘎查	V
49	吉仁高勒镇	杰仁嘎查	V
50	吉仁高勒镇	杰仁嘎查	V
51	吉仁高勒镇	杰仁嘎查	V
52	吉仁高勒镇	杰仁嘎查	IV
53	吉仁高勒镇	杰仁嘎查	IV
54	吉仁高勒镇	杰仁嘎查	IV
55	吉仁高勒镇	吉仁高勒嘎查	IV
56	吉仁高勒镇	呼和锡力嘎查	IV

序号	所在苏木(镇)	所在嘎查(村)	类型
57	吉仁高勒镇	呼格吉勒图嘎查	V
58	吉仁高勒镇	呼格吉勒图嘎查	IV
59	吉仁高勒镇	呼格吉勒图嘎查	IV
60	吉仁高勒镇	哈流图嘎查	IV
61	吉仁高勒镇	哈流图嘎查	IV
62	吉仁高勒镇	哈流图嘎查	IV
63	吉仁高勒镇	古日班宝拉格嘎查	IV
64	吉仁高勒镇	都日布勒吉嘎查	V
65	吉仁高勒镇	都日布勒吉嘎查	V
66	吉仁高勒镇	都日布勒吉嘎查	IV
67	吉仁高勒镇	都日布勒吉嘎查	IV
68	吉仁高勒镇	都日布勒吉嘎查	IV
69	吉仁高勒镇	巴彦乌拉嘎查	IV
70	吉仁高勒镇	巴彦塔拉嘎查	IV
71	吉仁高勒镇	巴彦青格勒嘎查	IV
72	吉仁高勒镇	巴彦青格勒嘎查	IV
73	吉仁高勒镇	巴彦青格勒嘎查	IV
74	吉仁高勒镇	巴彦洪格尔嘎查	IV
75	吉仁高勒镇	巴彦高勒嘎查	IV
76	吉仁高勒镇	阿拉塔图嘎查	IV
77	巴彦花镇	巴彦浩勒图嘎查	IV
78	浩勒图高勒镇	雅日盖图嘎查	IV
79	浩勒图高勒镇	雅日盖图嘎查	IV
80	浩勒图高勒镇	雅日盖图嘎查	IV
81	浩勒图高勒镇	新宝拉格嘎查	V
82	浩勒图高勒镇	乌日图高勒嘎查	IV
83	浩勒图高勒镇	乌日吉勒嘎查	V
84	浩勒图高勒镇	乌日吉勒嘎查	IV

续表

序号	所在苏木(镇)	所在嘎查(村)	类型
85	浩勒图高勒镇	脑干宝拉格嘎查	IV
86	浩勒图高勒镇	脑干宝拉格嘎查	IV
87	浩勒图高勒镇	拉坦敖包嘎查	IV
88	浩勒图高勒镇	洪格尔敖包嘎查	V
89	浩勒图高勒镇	西乌珠穆泌旗国有林场	IV
90	浩勒图高勒镇	西乌珠穆泌旗国有林场	IV
91	浩勒图高勒镇	西乌珠穆泌旗国有林场	IV
92	浩勒图高勒镇	巴彦温都日呼嘎查	IV
93	浩勒图高勒镇	巴彦温都日呼嘎查	IV
94	浩勒图高勒镇	巴彦温都日呼嘎查	IV
95	浩勒图高勒镇	巴彦胡舒嘎查	IV
96	浩勒图高勒镇	巴彦宝拉格嘎查	IV
97	浩勒图高勒镇	巴彦宝拉格嘎查	IV
98	浩勒图高勒镇	巴彦宝拉格嘎查	IV
99	浩勒图高勒镇	巴彦宝拉格嘎查	IV
100	浩勒图高勒镇	巴颜额日和图嘎查	IV
101	浩勒图高勒镇	巴拉嘎尔高勒嘎查	V
102	浩勒图高勒镇	巴拉嘎尔高勒嘎查	IV
103	浩勒图高勒镇	巴拉嘎尔高勒嘎查	IV
104	浩勒图高勒镇	阿拉坦高勒嘎查	IV
105	浩勒图高勒镇	阿拉坦敖都嘎查	V
106	浩勒图高勒镇	阿拉坦敖都嘎查	IV
107	高日罕镇	图拉嘎嘎查	V
108	高日罕镇	图拉嘎嘎查	IV
109	高日罕镇	图拉嘎嘎查	IV
110	高日罕镇	图拉嘎嘎查	IV
111	高日罕镇	宝日胡硕嘎查	V
112	高日罕镇	宝日宝拉格嘎查	IV

续表

序号	所在苏木(镇)	所在嘎查(村)	类型
113	高日罕镇	巴彦海拉斯台嘎查	V
114	高日罕镇	巴彦海拉斯台嘎查	IV
115	高日罕镇	巴彦海拉斯台嘎查	IV
116	高日罕镇	巴彦德勒嘎查	V
117	高日罕镇	巴彦德勒嘎查	IV
118	高日罕镇	巴彦德勒嘎查	IV
119	高日罕镇	敖仑套海嘎查	IV
120	高日罕镇	敖仑套海嘎查	IV
121	巴彦花镇	乌仁图雅嘎查	IV
122	巴彦花镇	乌仁图雅嘎查	IV
123	巴彦花镇	乌兰图嘎嘎查	V
124	巴彦花镇	乌兰图嘎嘎查	IV
125	巴彦花镇	乌兰图嘎嘎查	IV
126	巴彦花镇	乌兰图嘎嘎查	IV
127	巴彦花镇	唐斯格嘎查	V
128	巴彦花镇	唐斯格嘎查	V
129	巴彦花镇	唐斯格嘎查	V
130	巴彦花镇	唐斯格嘎查	IV
131	巴彦花镇	唐斯格嘎查	IV
132	巴彦花镇	唐斯格嘎查	IV
133	巴彦花镇	唐斯格嘎查	IV
134	巴彦花镇	唐斯格嘎查	IV
135	巴彦花镇	唐斯格嘎查	IV
136	巴彦花镇	唐斯格嘎查	IV
137	巴彦花镇	赛温都尔嘎查	V
138	巴彦花镇	赛温都尔嘎查	IV
139	巴彦花镇	赛温都尔嘎查	IV
140	巴彦花镇	萨如拉宝拉格嘎查	V

续表

序号	所在苏木(镇)	所在嘎查(村)	类型
141	巴彦花镇	萨如拉宝拉格嘎查	IV
142	巴彦花镇	萨如拉宝拉格嘎查	IV
143	巴彦花镇	罕乌拉嘎查	V
144	巴彦花镇	罕乌拉嘎查	IV
145	巴彦花镇	哈日根台嘎查	IV
146	巴彦花镇	哈日根台嘎查	IV
147	巴彦花镇	额日敦宝拉格嘎查	V
148	巴彦花镇	额日敦宝拉格嘎查	IV
149	巴彦花镇	额日敦宝拉格嘎查	IV
150	巴彦花镇	额日敦宝拉格嘎查	IV
151	巴彦花镇	查干包古图嘎查	IV
152	巴彦花镇	宝日胡舒嘎查	V
153	巴彦花镇	宝日胡舒嘎查	IV
154	巴彦花镇	宝日胡舒嘎查	IV
155	巴彦花镇	巴彦胡博嘎查	V
156	巴彦花镇	巴彦胡博嘎查	V
157	巴彦花镇	巴彦胡博嘎查	IV
158	巴彦花镇	巴彦胡博嘎查	IV
159	巴彦花镇	巴彦浩勒图嘎查	IV
160	巴彦花镇	巴彦浩勒图嘎查	IV
161	巴彦花镇	巴彦浩勒图嘎查	IV
162	巴彦花镇	巴彦浩勒图嘎查	IV
163	巴彦花镇	巴彦浩勒图嘎查	IV
164	巴彦花镇	巴彦都日格嘎查	IV
165	巴彦花镇	巴彦都日格嘎查	IV
166	巴彦花镇	巴彦都日格嘎查	IV
167	巴彦花镇	巴彦都日格嘎查	IV
168	巴彦花镇	阿拉坦兴安嘎查	V

续表

序号	所在苏木(镇)	所在嘎查(村)	类型
169	巴彦花镇	阿拉坦兴安嘎查	IV
170	巴彦花镇	阿拉坦兴安嘎查	IV
171	巴彦花镇	阿拉坦兴安嘎查	IV
172	巴彦花镇	阿拉坦兴安嘎查	IV
173	巴彦花镇	阿拉坦兴安嘎查	IV
174	巴彦胡舒苏木	温都来嘎查	V
175	巴彦胡舒苏木	温都来嘎查	V
176	巴彦胡舒苏木	温都来嘎查	IV
177	巴彦胡舒苏木	松根嘎查	V
178	巴彦胡舒苏木	松根嘎查	IV
179	巴彦胡舒苏木	松根嘎查	IV
180	巴彦胡舒苏木	松根嘎查	IV
181	巴彦胡舒苏木	松根嘎查	IV
182	巴彦胡舒苏木	松根嘎查	IV
183	巴彦胡舒苏木	舒图嘎查	V
184	巴彦胡舒苏木	舒图嘎查	IV
185	巴彦胡舒苏木	舒图嘎查	IV
186	巴彦胡舒苏木	舒图嘎查	IV
187	巴彦胡舒苏木	赛罕淖尔嘎查	IV
188	巴彦胡舒苏木	赛罕淖尔嘎查	IV
189	巴彦胡舒苏木	赛罕淖尔嘎查	IV
190	巴彦胡舒苏木	赛罕淖尔嘎查	IV
191	巴彦胡舒苏木	萨如拉锡勒嘎查	IV
192	巴彦胡舒苏木	萨如拉努特格嘎查	V
193	巴彦胡舒苏木	萨如拉努特格嘎查	V
194	巴彦胡舒苏木	萨如拉努特格嘎查	IV
195	巴彦胡舒苏木	萨如拉努特格嘎查	IV
196	巴彦胡舒苏木	萨如拉努特格嘎查	IV

续表

序号	所在苏木(镇)	所在嘎查(村)	类型
197	巴彦胡舒苏木	萨如拉努特格嘎查	IV
198	巴彦胡舒苏木	呼日勒图嘎查	V
199	巴彦胡舒苏木	呼日勒图嘎查	IV
200	巴彦胡舒苏木	呼日勒图嘎查	IV
201	巴彦胡舒苏木	呼日勒图嘎查	IV
202	巴彦胡舒苏木	洪格尔嘎查	V
203	巴彦胡舒苏木	洪格尔嘎查	IV
204	巴彦胡舒苏木	洪格尔嘎查	IV
205	巴彦胡舒苏木	洪格尔嘎查	IV
206	巴彦胡舒苏木	洪格尔嘎查	IV
207	巴彦胡舒苏木	哈日阿图嘎查	V
208	巴彦胡舒苏木	哈日阿图嘎查	V
209	巴彦胡舒苏木	哈日阿图嘎查	IV
210	巴彦胡舒苏木	哈日阿图嘎查	IV
211	巴彦胡舒苏木	楚鲁图嘎查	IV
212	巴彦胡舒苏木	柴达木嘎查	V
213	巴彦胡舒苏木	柴达木嘎查	IV
214	巴彦胡舒苏木	柴达木嘎查	IV
215	巴彦胡舒苏木	柴达木嘎查	IV
216	巴彦胡舒苏木	布日敦嘎查	IV
217	巴彦胡舒苏木	布日敦嘎查	V
218	巴彦胡舒苏木	布日敦嘎查	IV
219	巴彦胡舒苏木	布日敦嘎查	IV
220	巴彦胡舒苏木	布日敦嘎查	IV
221	巴彦胡舒苏木	宝力根嘎查	V
222	巴彦胡舒苏木	宝力根嘎查	IV
223	巴彦胡舒苏木	宝力根嘎查	IV
224	巴彦胡舒苏木	宝力根嘎查	IV

序号	所在苏木(镇)	所在嘎查(村)	类型
225	巴彦胡舒苏木	宝力根嘎查	IV
226	巴彦胡舒苏木	巴彦查干嘎查	V
227	巴彦胡舒苏木	巴彦查干嘎查	V
228	巴彦胡舒苏木	巴彦查干嘎查	IV
229	巴彦胡舒苏木	巴彦查干嘎查	IV
230	巴彦胡舒苏木	巴彦查干嘎查	IV
231	巴彦胡舒苏木	巴彦查干嘎查	IV

5.5.2　硝酸盐及亚硝酸盐

天然条件下,浅层地下水中赋存的氮(N)的形式有硝态氮($NO_3^- - N$)、亚硝态氮($NO_2^- - N$)、铵态氮($NH_4^+ - N$)、氨态氮($NH_3 - N$)、气态氮和有机氮等,这些氮的形态随地下水中的地球化学条件变化而变化。

硝酸盐在环境中天然存在,并且是一种重要的植物营养素。它以不同的浓度水平存在于所有的植物体内,是氮循环的一部分。由于硝酸盐是更稳定的氧化形态,除非在还原性环境中,否则显著浓度水平的亚硝酸盐是不常见的。亚硝酸盐可由硝酸盐经微生物还原而来,也可由体内摄入的硝酸盐经化学还原反应生成。因为氮氧化物和酸化亚硝酸盐均有抗菌的特性,硝酸盐可能在保护胃肠道免受多种胃肠病菌感染方面起着一定作用,同时在其他的生理活动中也可能充当着有益的角色。成人和小孩在摄入极高浓度的硝酸盐后,临床上会出现明显的高铁血红蛋白血症,这种情况在婴儿身上更容易发生。因此,通过地下水摄入硝酸盐可能是有一定益处的,但人体需要在潜在的风险与益处间维持一种平衡。

根据我国地下水相关水质标准,西乌旗地下水中亚硝酸盐超标情况非常轻微,仅有一处地下水中亚硝酸盐的含量达到 1.19 mg/L(乌兰哈拉嘎苏木额仁淖尔嘎查某牧户家),属于 IV 类水(IV 类水亚硝酸盐上限为 4.8 mg/L),其他均为 I ~ III 类水。

相对于亚硝酸盐,西乌旗地下水中硝酸盐含量超标相对严重。共有 36 件地下水样品的硝酸盐含量在 20 mg/L 以上(IV 类以及 V 类水),其中大于 30 mg/L 地下水样品有 27 件(V 类水),硝酸盐最高含量为 445.74 mg/L,出现在巴拉嘎尔高勒镇国有林场某牧民家中。但是从空间分布来看，硝酸盐超标最普遍的地下水主要分布在西乌旗西北部的巴彦胡舒苏木及其周边，详见图5.5-2、表5.5-2。

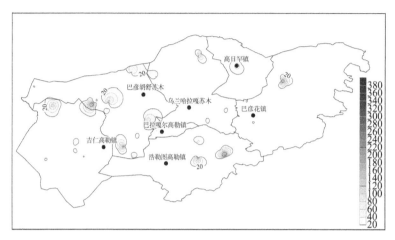

图 5.5-2 西乌旗地下水硝酸盐含量等值线图(单位：mg/L)

(红色等值线为Ⅳ类和Ⅴ类水分布区)

表 5.5-2 西乌旗地下水硝酸盐含量高值区(＞20 mg/L,Ⅳ类及Ⅴ类)统计表

序号	所在苏木(镇)	所在嘎查(村)	类别
1	巴彦花镇	巴彦浩勒图嘎查	Ⅳ
2	乌兰哈拉嘎苏木	伊拉勒特嘎查	Ⅴ
3	乌兰哈拉嘎苏木	萨如拉图雅嘎查	Ⅴ
4	乌兰哈拉嘎苏木	额仁淖尔嘎查	Ⅴ
5	乌兰哈拉嘎苏木	额仁淖尔嘎查	Ⅴ
6	乌兰哈拉嘎苏木	巴彦柴达木嘎查	Ⅴ
7	乌兰哈拉嘎苏木	巴彦柴达木嘎查	Ⅴ
8	乌兰哈拉嘎苏木	巴彦敖包图嘎查	Ⅳ
9	吉仁高勒镇	杰仁嘎查	Ⅴ
10	吉仁高勒镇	杰仁嘎查	Ⅳ
11	吉仁高勒镇	杰仁嘎查	Ⅳ
12	吉仁高勒镇	呼格吉勒图嘎查	Ⅳ

续表

序号	所在苏木(镇)	所在嘎查(村)	类别
13	吉仁高勒镇	都日布勒吉嘎查	IV
14	吉仁高勒镇	巴彦高勒嘎查	V
15	浩勒图高勒镇	国有林场	V
16	浩勒图高勒镇	国有林场	IV
17	浩勒图高勒镇	巴拉嘎尔高勒嘎查	V
18	浩勒图高勒镇	阿拉坦高勒嘎查	V
19	高日罕镇	敖仑套海嘎查	V
20	巴彦花镇	赛温都尔嘎查	V
21	巴彦花镇	巴彦浩勒图嘎查	IV
22	巴彦花镇	巴彦都日格嘎查	V
23	巴彦胡舒苏木	松根嘎查	V
24	巴彦胡舒苏木	松根嘎查	V
25	巴彦胡舒苏木	松根嘎查	IV
26	巴彦胡舒苏木	舒图嘎查村	V
27	巴彦胡舒苏木	舒图嘎查村	V
28	巴彦胡舒苏木	赛罕淖尔嘎查	V
29	巴彦胡舒苏木	赛罕淖尔嘎查	V
30	巴彦胡舒苏木	萨如拉努特格嘎查	V
31	巴彦胡舒苏木	洪格尔嘎查	V
32	巴彦胡舒苏木	哈日阿图嘎查	V
33	巴彦胡舒苏木	柴达木嘎查	V
34	巴彦胡舒苏木	柴达木嘎查	V
35	巴彦胡舒苏木	布日敦嘎查	V
36	巴彦胡舒苏木	布日敦嘎查	V

5.5.3 氨氮

氨氮是衡量水体污染的指标之一,含氮有机物主要来自生活污废水、农业施肥、动物排泄物及动植物死后的分解,分解时依次按照氨基酸、氨氮、亚硝酸盐氮及硝酸盐氮的顺序逐渐稳定。但有机物质等,经由生物分解作用成厌氧状态,氨氮为氮循环的中间产物,在还原环境(例如与大气连通不畅时)无法转换成硝酸盐。

西乌旗地下水中氨氮含量变化很大,最大达到 23.7 mg/L(吉仁高勒镇杰仁嘎查某牧户家),最小值仅为 0.077 mg/L,平均值为 0.32 mg/L。按照地下水质量标准,氨氮含量小于等于 0.5 mg/L 时,地下水为Ⅲ类。因此,单从氨氮这一个指标来看,西乌旗地下水氨氮超标情况并不严重,全旗约 98% 的地下水属于Ⅰ~Ⅲ类水(见图 5.5-3)。氨氮含量较高的地下水(Ⅳ类以及Ⅴ类)分布情况见表 5.5-3、图 5.5-4。

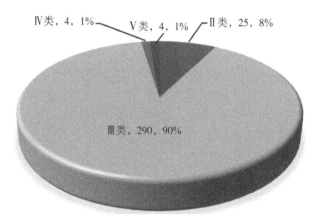

图 5.5-3 西乌旗地下水水质类型组成(评价指标为氨氮)

表 5.5-3 西乌旗地下水氨氮高值区(>0.5 mg/L,Ⅳ类及Ⅴ类)统计表

序号	所在苏木(镇)	所在嘎查(村)	类型
1	吉仁高勒镇	杰仁嘎查	Ⅴ
2	吉仁高勒镇	巴彦青格勒嘎查	Ⅳ
3	吉仁高勒镇	扎格斯台嘎查	Ⅳ
4	浩勒图高勒镇	脑干宝拉格嘎查	Ⅳ
5	浩勒图高勒镇	阿拉坦放都嘎查	Ⅳ
6	巴彦花镇	巴彦都日格嘎查	Ⅴ
7	乌兰哈拉嘎苏木	萨如拉图雅嘎查	Ⅴ
8	乌兰哈拉嘎苏木	额仁淖尔嘎查	Ⅴ

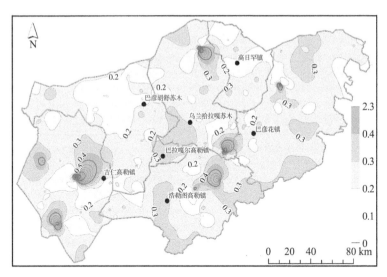

图 5.5-4   西乌旗地下水氨氮等值线图(单位:mg/L)

(红色等值线为Ⅳ类和Ⅴ类水分布区)

5.6 微生物及耗氧量

微生物指标是为了保证水质在流行病学上安全而制定的指标。水中常见的致病性细菌主要包括:大肠杆菌、志贺氏菌、沙门氏菌、小肠结肠炎耶尔森氏菌、霍乱弧菌、副溶血性弧菌等。鉴于检查水中的病原菌比较困难,所以目前我国地下水环境相关标准中微生物常规指标仅包含总大肠菌群以及菌落总数两项指标。

5.6.1 细菌总数

细菌总数是指36℃培养48 h,1 mL水样在营养琼脂上所生长的需氧菌、兼性厌氧菌和异养菌菌落总数。关于细菌总数,《地下水质量标准》(GB/T 14848—2017)中Ⅰ类、Ⅱ类、Ⅲ类水的上限都是100 CFU/mL,Ⅳ类水的上限是1 000 CFU/mL,大于1 000 CFU/mL为Ⅴ类水。

本次采集测试的300余件样品的菌落总数处于6 300 CFU/mL以下(最大值出现在唐斯格嘎查),100 CFU/mL以上的样品228件(属于Ⅳ类和Ⅴ类水),1 000 CFU/mL以上的样品27件(属于Ⅴ类水),平均值359.3 CFU/mL,

平均值处于Ⅳ类水限值范围。西乌旗地下水菌落总数超标情况较为严重,大部分地区都存在细菌总数超过Ⅲ类水上限的情况,特别是巴彦花镇北部的唐斯格嘎查等地区尤为严重。Ⅳ类以及Ⅴ类水的详细信息如表 5.6-1、图 5.6-1所示:

表 5.6-1　西乌旗地下水细菌总数高值区(Ⅳ类及Ⅴ类)统计表

序号	所在苏木(镇)	所在嘎查(村)	类型
1	巴拉嘎尔高勒镇	巴拉嘎尔高勒镇	Ⅳ
2	巴彦胡舒苏木	巴彦查干嘎查	Ⅳ
3	巴彦胡舒苏木	巴彦查干嘎查	Ⅳ
4	巴彦胡舒苏木	巴彦查干嘎查	Ⅳ
5	巴彦胡舒苏木	巴彦查干嘎查	Ⅳ
6	巴彦胡舒苏木	巴彦查干嘎查	Ⅳ
7	巴彦胡舒苏木	宝力根嘎查	Ⅳ
8	巴彦胡舒苏木	宝力根嘎查	Ⅳ
9	巴彦胡舒苏木	宝力根嘎查	Ⅳ
10	巴彦胡舒苏木	宝力根嘎查	Ⅳ
11	巴彦胡舒苏木	布日敦嘎查	Ⅴ
12	巴彦胡舒苏木	布日敦嘎查	Ⅴ
13	巴彦胡舒苏木	布日敦嘎查	Ⅳ
14	巴彦胡舒苏木	布日敦嘎查	Ⅳ
15	巴彦胡舒苏木	布日敦嘎查	Ⅳ
16	巴彦胡舒苏木	柴达木嘎查	Ⅴ
17	巴彦胡舒苏木	柴达木嘎查	Ⅳ
18	巴彦胡舒苏木	柴达木嘎查	Ⅳ
19	巴彦胡舒苏木	楚鲁图嘎查	Ⅳ
20	巴彦胡舒苏木	哈日阿图嘎查	Ⅳ
21	巴彦胡舒苏木	哈日阿图嘎查	Ⅳ
22	巴彦胡舒苏木	哈日阿图嘎查	Ⅳ
23	巴彦胡舒苏木	洪格尔嘎查	Ⅳ
24	巴彦胡舒苏木	洪格尔嘎查	Ⅳ

续表

序号	所在苏木(镇)	所在嘎查(村)	类型
25	巴彦胡舒苏木	洪格尔嘎查	Ⅳ
26	巴彦胡舒苏木	呼日勒图嘎查	Ⅴ
27	巴彦胡舒苏木	呼日勒图嘎查	Ⅳ
28	巴彦胡舒苏木	呼日勒图嘎查	Ⅳ
29	巴彦胡舒苏木	萨如拉努特格嘎查	Ⅴ
30	巴彦胡舒苏木	萨如拉努特格嘎查	Ⅴ
31	巴彦胡舒苏木	萨如拉努特格嘎查	Ⅳ
32	巴彦胡舒苏木	萨如拉努特格嘎查	Ⅳ
33	巴彦胡舒苏木	萨如拉努特格嘎查	Ⅳ
34	巴彦胡舒苏木	萨如拉努特格嘎查	Ⅳ
35	巴彦胡舒苏木	萨如拉锡勒嘎查	Ⅳ
36	巴彦胡舒苏木	赛罕淖尔嘎查	Ⅳ
37	巴彦胡舒苏木	赛罕淖尔嘎查	Ⅳ
38	巴彦胡舒苏木	赛罕淖尔嘎查	Ⅳ
39	巴彦胡舒苏木	舒图嘎查	Ⅴ
40	巴彦胡舒苏木	舒图嘎查	Ⅳ
41	巴彦胡舒苏木	舒图嘎查	Ⅳ
42	巴彦胡舒苏木	舒图嘎查	Ⅳ
43	巴彦胡舒苏木	舒图嘎查	Ⅳ
44	巴彦胡舒苏木	松根嘎查	Ⅳ
45	巴彦胡舒苏木	松根嘎查	Ⅳ
46	巴彦胡舒苏木	松根嘎查	Ⅳ
47	巴彦胡舒苏木	松根嘎查	Ⅳ
48	巴彦胡舒苏木	松根嘎查	Ⅳ
49	巴彦胡舒苏木	松根嘎查	Ⅳ
50	巴彦胡舒苏木	温都来嘎查	
51	巴彦胡舒苏木	温都来嘎查	Ⅳ
52	巴彦胡舒苏木	温都来嘎查	Ⅳ

续表

序号	所在苏木(镇)	所在嘎查(村)	类型
53	巴彦花镇	阿拉坦兴安嘎查	IV
54	巴彦花镇	阿拉坦兴安嘎查	IV
55	巴彦花镇	阿拉坦兴安嘎查	IV
56	巴彦花镇	阿拉坦兴安嘎查	IV
57	巴彦花镇	阿拉坦兴安嘎查	IV
58	巴彦花镇	巴彦都日格嘎查	V
59	巴彦花镇	巴彦都日格嘎查	V
60	巴彦花镇	巴彦都日格嘎查	V
61	巴彦花镇	巴彦都日格嘎查	IV
62	巴彦花镇	巴彦都日格嘎查	IV
63	巴彦花镇	巴彦浩勒图嘎查	IV
64	巴彦花镇	巴彦浩勒图嘎查	IV
65	巴彦花镇	巴彦浩勒图嘎查	IV
66	巴彦花镇	巴彦浩勒图嘎查	IV
67	巴彦花镇	巴彦浩勒图嘎查	IV
68	巴彦花镇	巴彦胡博嘎查	V
69	巴彦花镇	巴彦胡博嘎查	IV
70	巴彦花镇	巴彦胡博嘎查	IV
71	巴彦花镇	巴彦胡博嘎查	IV
72	巴彦花镇	宝日胡舒嘎查	IV
73	巴彦花镇	宝日胡舒嘎查	IV
74	巴彦花镇	宝日胡舒嘎查	IV
75	巴彦花镇	查干包古图嘎查	IV
76	巴彦花镇	额日教宝拉格嘎查	IV
77	巴彦花镇	额日教宝拉格嘎查	IV
78	巴彦花镇	额日教宝拉格嘎查	IV
79	巴彦花镇	额日教宝拉格嘎查	IV
80	巴彦花镇	哈日根台嘎查	V

序号	所在苏木(镇)	所在嘎查(村)	类型
81	巴彦花镇	哈日根台嘎查	Ⅳ
82	巴彦花镇	罕乌拉嘎查	Ⅴ
83	巴彦花镇	罕乌拉嘎查	Ⅳ
84	巴彦花镇	萨如拉宝拉格嘎查	Ⅳ
85	巴彦花镇	萨如拉宝拉格嘎查	Ⅳ
86	巴彦花镇	萨如拉宝拉格嘎查	Ⅳ
87	巴彦花镇	赛温都尔嘎查	Ⅳ
88	巴彦花镇	赛温都尔嘎查	Ⅳ
89	巴彦花镇	赛温都尔嘎查	Ⅳ
90	巴彦花镇	唐斯格嘎查	Ⅴ
91	巴彦花镇	唐斯格嘎查	Ⅴ
92	巴彦花镇	唐斯格嘎查	Ⅴ
93	巴彦花镇	唐斯格嘎查	Ⅴ
94	巴彦花镇	唐斯格嘎查	Ⅴ
95	巴彦花镇	唐斯格嘎查	Ⅴ
96	巴彦花镇	唐斯格嘎查	Ⅴ
97	巴彦花镇	唐斯格嘎查	Ⅳ
98	巴彦花镇	唐斯格嘎查	Ⅳ
99	巴彦花镇	唐斯格嘎查	Ⅳ
100	巴彦花镇	唐斯格嘎查	Ⅳ
101	巴彦花镇	乌兰图嘎嘎查	Ⅳ
102	巴彦花镇	乌兰图嘎嘎查	Ⅳ
103	巴彦花镇	乌兰图嘎嘎查	Ⅳ
104	巴彦花镇	乌仁图雅嘎查	Ⅳ
105	巴彦花镇	乌仁图雅嘎查	Ⅳ
106	高日罕镇	敖仑套海嘎查	Ⅳ
107	高日罕镇	敖仑套海嘎查	Ⅳ
108	高日罕镇	巴彦德勒嘎查	Ⅳ

续表

序号	所在苏木(镇)	所在嘎查(村)	类型
109	高日罕镇	巴彦德勒嘎查	IV
110	高日罕镇	巴彦德勒嘎查	IV
111	高日罕镇	巴彦海拉斯台嘎查	V
112	高日罕镇	巴彦海拉斯台嘎查	IV
113	高日罕镇	巴彦海拉斯台嘎查	IV
114	高日罕镇	宝日宝拉格嘎查	IV
115	高日罕镇	宝日胡硕嘎查	IV
116	高日罕镇	宝日胡硕嘎查	IV
117	高日罕镇	格日勒图嘎查	IV
118	高日罕镇	图拉嘎嘎查	IV
119	高日罕镇	图拉嘎嘎查	IV
120	高日罕镇	图拉嘎嘎查	IV
121	浩勒图高勒镇	阿拉坦敖都嘎查	V
122	浩勒图高勒镇	阿拉坦敖都嘎查	IV
123	浩勒图高勒镇	阿拉坦高勒嘎查	IV
124	浩勒图高勒镇	巴拉嘎尔高勒嘎查	IV
125	浩勒图高勒镇	巴拉嘎尔高勒嘎查	IV
126	浩勒图高勒镇	巴颜额日和图嘎查	IV
127	浩勒图高勒镇	巴彦宝拉格嘎查	IV
128	浩勒图高勒镇	巴彦宝拉格嘎查	IV
129	浩勒图高勒镇	巴彦宝拉格嘎查	IV
130	浩勒图高勒镇	巴彦胡舒嘎查	IV
131	浩勒图高勒镇	巴彦胡舒嘎查	IV
132	浩勒图高勒镇	巴彦温都日呼嘎查	IV
133	浩勒图高勒镇	巴彦温都日呼嘎查	IV
134	浩勒图高勒镇	巴彦温都日呼嘎查	IV
135	浩勒图高勒镇	国有林场	IV
136	浩勒图高勒镇	国有林场	IV

序号	所在苏木(镇)	所在嘎查(村)	类型
137	浩勒图高勒镇	国有林场	IV
138	浩勒图高勒镇	国有林场	IV
139	浩勒图高勒镇	国有林场	IV
140	浩勒图高勒镇	哈布其拉嘎查	IV
141	浩勒图高勒镇	洪格尔放包嘎查	IV
142	浩勒图高勒镇	拉坦放包嘎查	IV
143	浩勒图高勒镇	脑干宝拉格嘎查	IV
144	浩勒图高勒镇	脑干宝拉格嘎查	IV
145	浩勒图高勒镇	脑干宝拉格嘎查	IV
146	浩勒图高勒镇	乌日吉勒嘎查	IV
147	浩勒图高勒镇	乌日吉勒嘎查	IV
148	浩勒图高勒镇	乌日图高勒嘎查	IV
149	浩勒图高勒镇	新宝拉格嘎查	IV
150	浩勒图高勒镇	雅日盖图嘎查	IV
151	浩勒图高勒镇	雅日盖图嘎查	IV
152	浩勒图高勒镇	雅日盖图嘎查	IV
153	吉仁高勒镇	阿拉塔图嘎查	IV
154	吉仁高勒镇	巴彦高勒嘎查	IV
155	吉仁高勒镇	巴彦高勒嘎查	IV
156	吉仁高勒镇	巴彦洪格尔嘎查	IV
157	吉仁高勒镇	巴彦青格勒嘎查	V
158	吉仁高勒镇	巴彦青格勒嘎查	IV
159	吉仁高勒镇	巴彦青格勒嘎查	IV
160	吉仁高勒镇	巴彦乌拉嘎查	IV
161	吉仁高勒镇	宝拉格嘎查	IV
162	吉仁高勒镇	宝拉格嘎查	IV
163	吉仁高勒镇	都日布勒吉嘎查	IV
164	吉仁高勒镇	都日布勒吉嘎查	IV

续表

序号	所在苏木(镇)	所在嘎查(村)	类型
165	吉仁高勒镇	都日布勒吉嘎查	Ⅳ
166	吉仁高勒镇	都日布勒吉嘎查	Ⅳ
167	吉仁高勒镇	古日班宝拉格嘎查	Ⅳ
168	吉仁高勒镇	古日班宝拉格嘎查	Ⅳ
169	吉仁高勒镇	哈流图嘎查	Ⅳ
170	吉仁高勒镇	哈流图嘎查	Ⅳ
171	吉仁高勒镇	呼格吉勒图嘎查	Ⅴ
172	吉仁高勒镇	呼格吉勒图嘎查	Ⅳ
173	吉仁高勒镇	呼格吉勒图嘎查	Ⅳ
174	吉仁高勒镇	呼和锡力嘎查	Ⅳ
175	吉仁高勒镇	呼和锡力嘎查	Ⅳ
176	吉仁高勒镇	杰仁嘎查	Ⅴ
177	吉仁高勒镇	杰仁嘎查	Ⅳ
178	吉仁高勒镇	杰仁嘎查	Ⅳ
179	吉仁高勒镇	杰仁嘎查	Ⅳ
180	吉仁高勒镇	杰仁嘎查	Ⅳ
181	吉仁高勒镇	杰仁嘎查	Ⅳ
182	吉仁高勒镇	杰仁嘎查	Ⅳ
183	吉仁高勒镇	乌兰淖尔嘎查	Ⅳ
184	吉仁高勒镇	乌兰淖尔嘎查	Ⅳ
185	吉仁高勒镇	乌兰淖尔嘎查	Ⅳ
186	吉仁高勒镇	乌兰淖尔嘎查	Ⅳ
187	吉仁高勒镇	夏那嘎音宝力格嘎查	Ⅳ
188	吉仁高勒镇	夏那嘎音宝力格嘎查	Ⅳ
189	吉仁高勒镇	扎格斯台嘎查	Ⅳ
190	乌兰哈拉嘎苏木	阿日胡舒嘎查	Ⅳ
191	乌兰哈拉嘎苏木	阿日胡舒嘎查	Ⅳ
192	乌兰哈拉嘎苏木	巴棋宝拉格嘎查	Ⅳ

续表

序号	所在苏木(镇)	所在嘎查(村)	类型
193	乌兰哈拉嘎苏木	巴棋宝拉格嘎查	IV
194	乌兰哈拉嘎苏木	巴彦放包图嘎查	IV
195	乌兰哈拉嘎苏木	巴彦放包图嘎查	IV
196	乌兰哈拉嘎苏木	巴彦放包图嘎查	IV
197	乌兰哈拉嘎苏木	巴彦放包图嘎查	IV
198	乌兰哈拉嘎苏木	巴彦柴达木嘎查	V
199	乌兰哈拉嘎苏木	巴彦柴达木嘎查	IV
200	乌兰哈拉嘎苏木	巴彦柴达木嘎查	IV
201	乌兰哈拉嘎苏木	巴彦柴达木嘎查	IV
202	乌兰哈拉嘎苏木	巴彦柴达木嘎查	IV
203	乌兰哈拉嘎苏木	巴彦柴达木嘎查	IV
204	乌兰哈拉嘎苏木	巴彦柴达木嘎查	IV
205	乌兰哈拉嘎苏木	巴彦柴达木嘎查	IV
206	乌兰哈拉嘎苏木	巴彦淖尔嘎查	IV
207	乌兰哈拉嘎苏木	巴彦淖尔嘎查	IV
208	乌兰哈拉嘎苏木	达布斯图嘎查	IV
209	乌兰哈拉嘎苏木	达布斯图嘎查	IV
210	乌兰哈拉嘎苏木	达布希勒图嘎查	IV
211	乌兰哈拉嘎苏木	额仁淖尔嘎查	IV
212	乌兰哈拉嘎苏木	额仁淖尔嘎查	IV
213	乌兰哈拉嘎苏木	额仁淖尔嘎查	IV
214	乌兰哈拉嘎苏木	额日和图放包嘎查	IV
215	乌兰哈拉嘎苏木	额日和图放包嘎查	IV
216	乌兰哈拉嘎苏木	额日和图放包嘎查	IV
217	乌兰哈拉嘎苏木	额日和图放包嘎查	IV
218	乌兰哈拉嘎苏木	萨如拉图雅嘎查	V
219	乌兰哈拉嘎苏木	萨如拉图雅嘎查	IV
220	乌兰哈拉嘎苏木	萨如拉图雅嘎查	IV

续表

序号	所在苏木(镇)	所在嘎查(村)	类型
221	乌兰哈拉嘎苏木	萨如拉图雅嘎查	Ⅳ
222	乌兰哈拉嘎苏木	萨如拉图雅嘎查	Ⅳ
223	乌兰哈拉嘎苏木	萨如拉图雅嘎查	Ⅳ
224	乌兰哈拉嘎苏木	萨如拉图雅嘎查	Ⅳ
225	乌兰哈拉嘎苏木	萨如拉图雅嘎查	Ⅳ
226	乌兰哈拉嘎苏木	新高勒嘎查	Ⅳ
227	乌兰哈拉嘎苏木	新高勒嘎查	Ⅳ
228	乌兰哈拉嘎苏木	伊拉勒特嘎查	Ⅳ

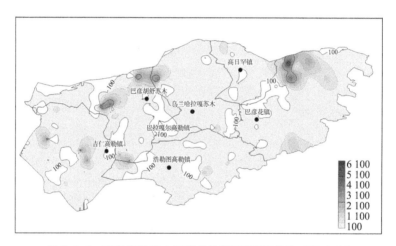

图 5.6-1　西乌旗地下水细菌总数等值线图(单位:CFU/mL)

(黄色区域为Ⅳ类和Ⅴ类水分布区)

5.6.2　总大肠菌群

对于地下水的微生物状况,一般是以检验分析粪源指示微生物(如大肠杆菌)来表征的。总大肠菌群包括能够在水中存活和生长的微生物,虽然该指标不能完全作为粪便致病菌的指标,但可以用作评价饮用水及其配套输配水系统的卫生程度。

大肠杆菌在人和动物肠道内大量存在,是肠道正常菌群的一部分,通常不会产生危害。但在身体的其他部位,大肠杆菌可引起严重疾病,如泌尿系统感染、菌血症和脑膜炎。人类使用的水中不应含有粪便指示生物。人与动物等生物都会散布大肠杆菌,但浓度差异很大。这些因子随着表面水体和气候的不同而变化。

关于总大肠菌群,我国现行地下水质量标准对该指标I类、II类、III类水体中含量设定的上限都是 3.0 MPN/100 mL,IV类水的上限是 100 MPN/100 mL,大于 100 MPN/100 mL 为 V 类水。西乌旗地下水中总大肠菌群的含量处于 350 MPN/100 mL 以下,最高值出现在吉仁高勒镇杰仁嘎查某牧户家。西乌旗地下水中总大肠菌群含量大于 3.0 MPN/100 mL 的有 14 处(IV类和V类水),其中大于 100 MPN/100 mL 的有 3 处(V类水)。详细情况如表 5.6-2、图 5.6-2 所示。

表 5.6-2　西乌旗地下水总大肠菌群高值区(IV类及以上)统计表

序号	所在苏木(镇)	所在嘎查(村)	类型
1	乌兰哈拉嘎苏木	巴彦放包图嘎查	IV
2	乌兰哈拉嘎苏木	巴彦放包图嘎查	IV
3	吉仁高勒镇	杰仁嘎查	V
4	吉仁高勒镇	呼格吉勒图嘎查	V
5	吉仁高勒镇	呼格吉勒图嘎查	IV
6	吉仁高勒镇	宝拉格嘎查	IV
7	浩勒图高勒镇	国有林场	V
8	浩勒图高勒镇	巴拉嘎尔高勒嘎查	IV
9	高日罕镇	放仑套海嘎查	IV
10	巴彦花镇	乌兰图嘎嘎查	IV
11	巴彦胡舒苏木	松根嘎查	IV
12	巴彦胡舒苏木	萨如拉锡勒嘎查	IV
13	巴彦胡舒苏木	呼日勒图嘎查	IV
14	巴彦胡舒苏木	柴达木嘎查	IV

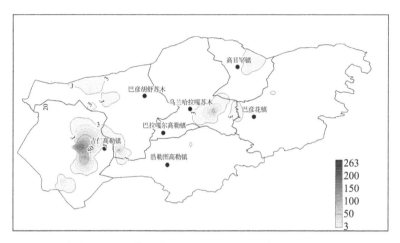

图 5.6-2　西乌旗地下总大肠菌群高值区（Ⅳ类及Ⅴ类）等值线图（单位：MPN/100 mL）

（红色等值线为Ⅳ类和Ⅴ类水分布区）

5.6.3　耗氧量

我国国家标准《生活饮用水卫生标准》（GB 5749—2006）中耗氧量限值为 3 mg/L。但是这只是一个经验值，目前尚没有实验证明超过此限值会对健康造成风险。

用高锰酸钾作为氧化剂测得的化学需氧量被称为高锰酸盐指数或耗氧量（COD_{Mn}），具体来说，它一般指的是高锰酸钾能够通过氧化水中的还原物所消耗的体积，这个体积量可以换算成耗氧量，从而反映水的质量。COD_{Mn} 只能表示水中容易氧化的有机物或无机物的含量。

西乌旗地下水中耗氧量分布范围为 0.76～142.88 mg/L，平均值为 3.08 mg/L。根据地下水质量标准，西乌旗地下水依据耗氧量指标可划分为 5 类，Ⅰ～Ⅲ类地下水（耗氧量≤3.0 mg/L）占比约为 84%（详见图 5.6-3）。耗氧量较高的地下水在西乌旗各个苏木镇都有分布，详见表 5.6-3、图 5.6-4。

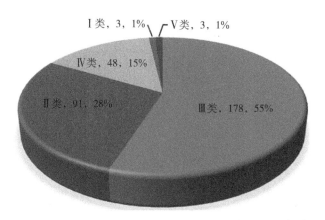

图 5.6-3　西乌旗地下水水质类型组成(评价指标为耗氧量)

表 5.6-3　西乌旗地下水耗氧量高值区(＞3 mg/L,Ⅳ类及Ⅴ类)统计表

序号	井深(m)	所在苏木(镇)	所在嘎查(村)	类型
1	70	乌兰哈拉嘎苏木	巴彦放包图嘎查	Ⅴ
2	5	乌兰哈拉嘎苏木	巴彦放包图嘎查	Ⅳ
3	36	乌兰哈拉嘎苏木	巴彦放包图嘎查	Ⅳ
4	40	乌兰哈拉嘎苏木	巴彦放包图嘎查	Ⅳ
5	90	乌兰哈拉嘎苏木	巴彦柴达木嘎查	Ⅳ
6	50	乌兰哈拉嘎苏木	巴彦柴达木嘎查	Ⅳ
7	15	乌兰哈拉嘎苏木	额仁淖尔嘎查	Ⅳ
8	164	乌兰哈拉嘎苏木	额仁淖尔嘎查	Ⅳ
9	104	乌兰哈拉嘎苏木	萨如拉图雅嘎查	Ⅳ
10	100	乌兰哈拉嘎苏木	萨如拉图雅嘎查	Ⅳ
11	110	吉仁高勒镇	巴彦高勒嘎查	Ⅳ
12	10	吉仁高勒镇	巴彦青格勒嘎查	Ⅳ
13	60	吉仁高勒镇	都日布勒吉嘎查	Ⅳ
14	140	吉仁高勒镇	杰仁嘎查	Ⅴ
15	100	吉仁高勒镇	杰仁嘎查	Ⅳ
16	8	吉仁高勒镇	杰仁嘎查	Ⅳ
17	60	吉仁高勒镇	杰仁嘎查	Ⅳ

续表

序号	井深(m)	所在苏木(镇)	所在嘎查(村)	类型
18	100	吉仁高勒镇	扎格斯台嘎查	IV
19	15	浩勒图高勒镇	阿拉坦放都嘎查	IV
20	30	浩勒图高勒镇	阿拉坦高勒嘎查	IV
21	60	浩勒图高勒镇	巴拉嘎尔高勒嘎查	IV
22	55	浩勒图高勒镇	巴拉嘎尔高勒嘎查	IV
23	6	浩勒图高勒镇	巴拉嘎尔高勒嘎查	IV
24	3	浩勒图高勒镇	脑干宝拉格嘎查	IV
25	30	浩勒图高勒镇	西乌珠穆沁旗国有林场	V
26	6	高日罕镇	敖仑套海嘎查	IV
27	28	巴彦花镇	巴彦都日格嘎查	IV
28	42	巴彦花镇	乌兰图嘎嘎查村	IV
29	60	巴彦花镇	乌兰图嘎嘎查村	IV
30	51	巴彦胡舒苏木	巴彦查干嘎查	IV
31	100	巴彦胡舒苏木	宝力根嘎查	IV
32	103	巴彦胡舒苏木	宝力根嘎查	IV
33	4	巴彦胡舒苏木	布日敦嘎查	IV
34	40	巴彦胡舒苏木	布日敦嘎查	IV
35	57	巴彦胡舒苏木	布日敦嘎查	IV
36	6	巴彦胡舒苏木	柴达木嘎查	IV
37	56	巴彦胡舒苏木	柴达木嘎查	IV
38	2	巴彦胡舒苏木	楚鲁图嘎查	IV
39	未知	巴彦胡舒苏木	楚鲁图嘎查	IV
40	30	巴彦胡舒苏木	哈日阿图嘎查	IV
41	未知	巴彦胡舒苏木	哈日阿图嘎查	IV
42	56	巴彦胡舒苏木	呼日勒图嘎查	IV
43	3	巴彦胡舒苏木	萨如拉努特格嘎查	IV
44	75	巴彦胡舒苏木	萨如拉努特格嘎查	IV
45	未知	巴彦胡舒苏木	萨如拉努特格嘎查	IV

序号	井深(m)	所在苏木(镇)	所在嘎查(村)	类型
46	50	巴彦胡舒苏木	赛罕淖尔嘎查	IV
47	4	巴彦胡舒苏木	赛罕淖尔嘎查	IV
48	7	巴彦胡舒苏木	舒图嘎查村	IV
49	10	巴彦胡舒苏木	舒图嘎查村	IV
50	70	巴彦胡舒苏木	松根嘎查	IV
51	50	巴彦胡舒苏木	松根嘎查	IV

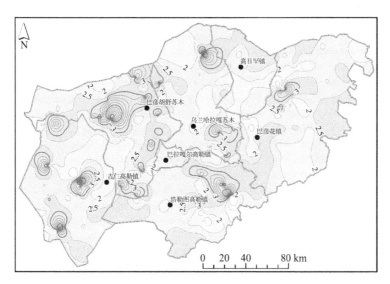

图 5.6-4　西乌旗地下水耗氧量等值线图(单位:mg/L)

(红色等值线为 IV 类和 V 类水分布区)

第 6 章

地下水污染原因分析

6.1　总体状况

6.1.1　地下水污染状况

在本次采集的 323 件地下水样品中,没有 I 类以及 II 类地下水,III 类地下水为 9 件、IV 地下水为 178 件、V 类地下水为 136 件,各类地下水组成比例见图 6.1-1。

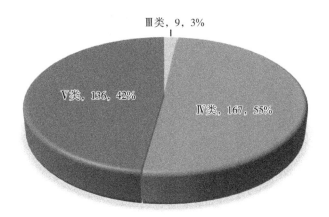

III类, 9, 3%

V类, 136, 42%

IV类, 167, 55%

图 6.1-1　西乌旗地下水水质类型统计饼图

从空间分布来看,西乌旗正北部的巴彦胡舒苏木、乌兰哈拉嘎苏木 V 类水占比最高,分别达到 60% 和 54.6%;其次为西乌旗东部和西北部的巴彦花镇、高日罕镇以及吉仁高勒镇,他们 V 类水占比分别为 45.6%、44.4% 和 43.8%;水质相对较好的是西乌旗中部和南部的巴拉嘎尔高勒镇、浩勒图高勒镇,详细情况如图 6.1-2 所示。

从全旗地下水超标指标来看,浑浊度、氟化物、细菌总数是最为普遍的超标指标,三者的超标占比均大于 50%;此外铁、钠两项指标的超标占比分别为 42.3% 和 27.2%;其他指标超标相对较少,超标占比不足 25%。详细超标情况见图 6.1-3 及表 6.1-1。

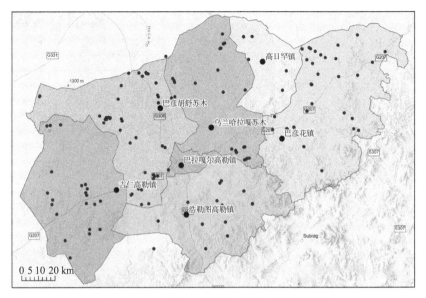

图 6.1-2　西乌旗Ⅴ类地下水空间分布位置图

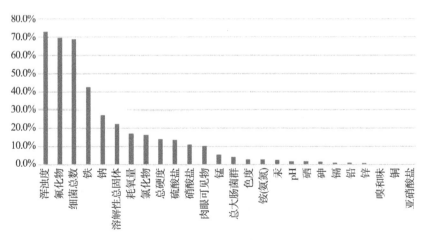

图 6.1-3　西乌旗地下水水质指标超标占比柱状图

表 6.1-1　西乌旗地下水中各指标测试结果统计表

序号	类型	单位	超标个数	超标比例
1	浑浊度	NTU	241	72.8%
2	氟化物	mg/L	230	69.5%
3	细菌总数	CFU/mL	228	68.9%
4	铁	mg/L	140	42.3%
5	钠	mg/L	90	27.2%
6	溶解性总固体	mg/L	74	22.4%
7	耗氧量	mg/L	56	16.9%
8	氯化物	mg/L	54	16.3%
9	总硬度	mg/L	46	13.9%
10	硫酸盐	mg/L	45	13.6%
11	硝酸盐	mg/L	36	10.9%
12	肉眼可见物	mg/L	34	10.3%
13	锰	mg/L	18	5.4%
14	总大肠菌群	MPN/100 mL	14	4.2%
15	色度	铂钴色度	9	2.7%
16	铵(氨氮)	mg/L	9	2.7%
17	汞	mg/L	8	2.4%
18	pH		6	1.8%
19	硒	mg/L	6	1.8%
20	砷	mg/L	5	1.5%
21	镉	mg/L	3	0.9%

续表

序号	类型	单位	超标个数	超标比例
22	铅	mg/L	3	0.9%
23	锌	mg/L	2	0.6%
24	嗅和味		1	0.3%
25	铜	mg/L	1	0.3%
26	亚硝酸盐	mg/L	1	0.3%
27	铝	mg/L	0	0.0%
28	酚	mg/L	0	0.0%
29	阴离子合成洗涤剂	mg/L	0	0.0%
30	硫化物	mg/L	0	0.0%
31	氰化物	mg/L	0	0.0%
32	碘化物	mg/L	0	0.0%
33	六价铬	mg/L	0	0.0%
34	苯	μg/L	0	0.0%
35	甲苯	μg/L	0	0.0%
36	三氯甲烷	μg/L	0	0.0%
37	四氯化碳	μg/L	0	0.0%

注:超标个数以及超标比例表示 323 件地下水样品中超过《地下水质量标准》(GB/T 14848—2017)中Ⅲ类水上限的样品数量和占比。

各个苏木镇超标指标数量并不相同,巴彦花镇共有 23 项指标超标,一些在其他苏木镇地下水中很少出现的重金属等指标,例如镉、铅、锌、铜等,都在巴彦花镇地下水中检测到超标情况。详细超标情况见图 6.1-4、表 6.1-2。

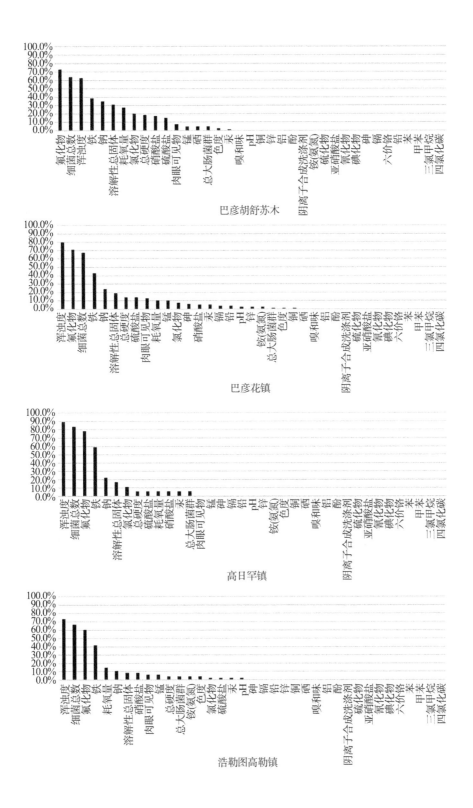

巴彦胡舒苏木

巴彦花镇

高日罕镇

浩勒图高勒镇

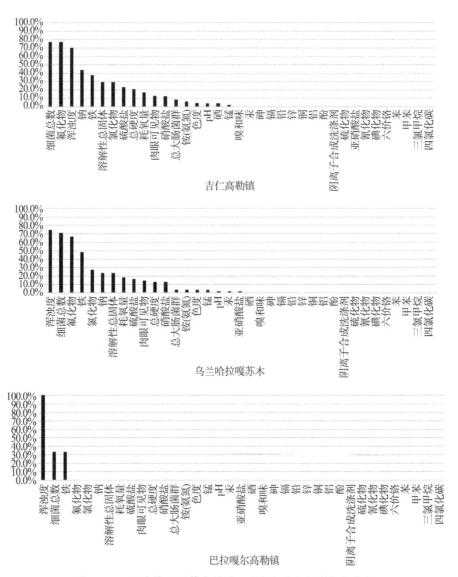

图 6.1-4　西乌旗不同苏木镇地下水超标指标及其超标比例

表 6.1-2　西乌旗不同苏木镇地下水超标情况汇总表

序号	指标	巴拉嘎尔高勒镇		巴彦胡舒苏木		巴彦花镇		高日罕镇		浩勒图高勒镇		吉仁高勒镇		乌兰哈拉嘎苏木		西乌旗	
		个数	占比	个数	占比	个数	占比	个数	占比	个数	占比	个数	占比	个数	占比	个数	占比
1	色度			2	2.5%	1	1.4%			2	4.2%	3	6.3%	2	3.6%	10	3.1%
2	嗅和味											1	2.1%			1	0.3%
3	浑浊度	3	100.0%	50	62.5%	57	80.3%	16	88.9%	35	72.9%	34	70.8%	41	74.5%	236	73.1%
4	肉眼可见物			6	7.5%	4	5.6%			3	6.3%	7	14.6%	8	14.5%	28	8.7%
5	pH									1	2.1%	2	4.2%	1	1.8%	4	1.2%
6	总硬度			15	18.8%	6	8.5%	1	5.6%	2	4.2%	10	20.8%	7	12.7%	41	12.7%
7	溶解性总固体			25	31.3%	10	14.1%	3	16.7%	4	8.3%	14	29.2%	13	23.6%	69	21.4%
8	硫酸盐			12	15.0%	6	8.5%	1	5.6%	1	2.1%	11	22.9%	9	16.4%	40	12.4%
9	氯化物			16	20.0%	3	4.2%	2	11.1%	1	2.1%	14	29.2%	15	27.3%	51	15.8%
10	铁	1	33.3%	31	38.8%	34	47.9%	11	61.1%	20	41.7%	18	37.5%	27	49.1%	142	44.0%
11	锰			4	5.0%	5	7.0%			3	6.3%	1	2.1%	2	3.6%	15	4.6%
12	铜																
13	锌																

续表

序号	指标	巴拉嘎尔高勒镇 个数	占比	巴彦胡舒苏木 个数	占比	巴彦花镇 个数	占比	高日罕镇 个数	占比	浩勒图高勒镇 个数	占比	吉仁高勒镇 个数	占比	乌兰哈拉嘎苏木 个数	占比	西乌旗 个数	占比
14	铝																
15	酚											1	2.1%			1	0.3%
16	阴离子合成洗涤剂											1	2.1%			1	0.3%
17	耗氧量			21	26.3%	3	4.2%	1	5.6%	7	14.6%	8	16.7%	10	18.2%	50	15.5%
18	铵（氨氮）					1	1.4%			2	4.2%	3	6.3%	2	3.6%	8	2.5%
19	硫化物											1	2.1%			1	0.3%
20	钠			28	35.0%	15	21.1%	4	22.2%	5	10.4%	21	43.8%	13	23.6%	86	26.6%
21	亚硝酸盐													1	1.8%	1	0.3%
22	硝酸盐			14	17.5%	3	4.2%	1	5.6%	4	8.3%	6	12.5%	7	12.7%	35	10.8%
23	氯化物											1	2.1%			1	0.3%
24	氟化物			58	72.5%	53	74.6%	14	77.8%	29	60.4%	37	77.1%	37	67.3%	228	70.6%
25	碘化物																
26	汞			1	1.3%	4	5.6%	1	5.6%	1	2.1%	1	2.1%	1	1.8%	8	2.5%

续表

序号	指标	巴彦嘎尔高勒镇		巴彦胡舒苏木		巴彦花镇		高日罕镇		浩勒图高勒镇		宝仁高勒镇		乌兰哈拉嘎苏木		西乌旗	
		个数	占比	个数	占比	个数	占比	个数	占比	个数	占比	个数	占比	个数	占比	个数	占比
27	砷																
28	硒			4	5.0%							2	4.2%			6	1.9%
29	镉																
30	六价铬																
31	铅																
32	总大肠菌群	0	0.0%	4	5.0%	1	1.4%	1	5.6%	2	4.2%	4	8.3%	2	3.6%	14	4.3%
33	细菌总数	1	33.3%	51	63.8%	53	74.6%	15	83.3%	32	66.7%	37	77.1%	39	70.9%	228	70.6%
34	苯																
35	甲苯																
36	三氯甲烷																
37	四氯化碳																
				342		259		71		154		237		237		1 305	

6.1.2 疏干水污染状况

在采集的6件矿区疏干水样品中,有一件样品为Ⅴ类水,其他均为Ⅳ类水,具体各指标测试结果统计情况如下表6.1-3所示。

表6.1-3 西乌旗疏干水中各指标测试结果统计表

指标	单位	平均值	超标个数	超标占比
色度	铂钴色度	9.17	1	16.7%
味和嗅		未发现	0	0.0%
浑浊度	NTU	6.33	5	83.3%
肉眼可见物			1	16.7%
pH		7.80	0	0.0%
总硬度	mg/L	282.67	0	0.0%
溶解性总固体	mg/L	667.5	0	0.0%
硫酸盐	mg/L	77.33	0	0.0%
氯化物	mg/L	111.27	1	16.7%
铁	mg/L	0.40	4	66.7%
锰	mg/L	0.06	0	0.0%
铜	mg/L	0.05 L	0	0.0%
锌	mg/L	0.05 L	0	0.0%
铝	mg/L	ND	0	0.0%
酚	mg/L	0.000 3 L	0	0.0%
阴离子表面活性剂	mg/L	0.05 L	0	0.0%
耗氧量	mg/L	2.35	0	0.0%
氨氮	mg/L	0.24	0	0.0%
硫化物	mg/L	ND	0	0.0%
钠	mg/L	99.2	0	0.0%
亚硝酸盐	mg/L	0.05	0	0.0%
硝酸盐	mg/L	1.64	0	0.0%

指标	单位	平均值	超标个数	超标占比
氰化物	mg/L	ND	0	0.0%
氟化物	mg/L	1.52	5	83.3%
碘化物	mg/L	ND	0	0.0%
汞	μg/L	0.536	0	0.0%
砷	μg/L	4.31	0	0.0%
硒	μg/L	—	0	0.0%
镉	mg/L	ND	0	0.0%
六价铬	mg/L	0.004 L	0	0.0%
铅	mg/L	0.00	0	0.0%
总大肠菌群	MPN/100 mL	<2	0	0.0%
细菌总数	CFU/mL	348.83	5	83.3%
苯	μg/L	未检出	0	0.0%
甲苯	μg/L	未检出	0	0.0%
三氯甲烷	μg/L	未检出	0	0.0%
四氯化碳	(μg/L)	未检出	0	0.0%

注:超标个数以及超标比例表示 6 件疏干水样品中超过《地下水质量标准》(GB/T 14848—2017)中Ⅲ类水上限的样品数量和占比;ND 为未检测出。

西乌旗矿区疏干水的超标情况与西乌旗地下水相似,最普遍的超标指标依然是色度、浑浊度、肉眼可见物、氯化物、铁、氟化物以及细菌总数等,其中浑浊度、铁、氟化物、细菌总数超标情况较为严重,这与西乌旗地下水总体情况相似。因此矿区疏干水的水质没有从根本上发生改变。

但是对比西乌旗 323 件地下水样品、巴彦花镇(煤矿疏干水样品均来自该地区)71 件地下水样品、6 件疏干水样品的主要超标成分可以看出,虽然疏干水的各项超标指标的测试结果均处于西乌旗或者巴彦花镇地下水相应指标的最值范围内,但是浑浊度、铁、氟化物、氯化物四项指标的中位数和第三四分位数略高于西乌旗或者巴彦花镇地下水相应指标的分位数。例如,6 件疏干水样品的平均色度、浑浊度、铁、氟化物、氯化物分别为 9.17、6.33 NTU、0.40 mg/L、1.52 mg/L、111.27 mg/L,而巴彦花镇地下水平均色度、浑浊度、铁、氟化物、氯化物、细菌总数分别为 6.76、4.00 NTU、0.29 mg/L、1.46 mg/L、80.77 mg/L、158.60 CFU/mL,详见图 6.1-5。

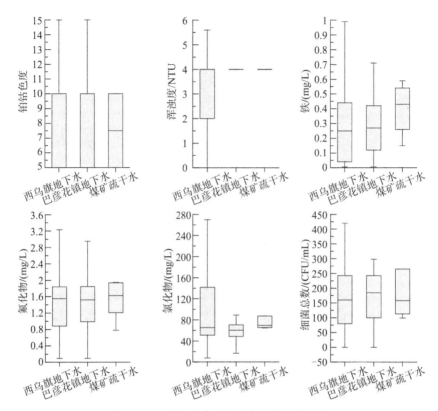

图 6.1-5　疏干水与地下水超标指标箱型图

6.2　无机盐类超标原因分析

6.2.1　地下水无机盐成分演化过程

　　一般情况下，随着地下水在饱和带中运移，水中主要无机盐离子也会增加。通过对世界许多地方的地下水调查可知，在同一地下水系统中，补给区浅层地下水比补给区深层水和排泄区浅层水的无机盐含量低。Chebotarev（1955）对澳大利亚地下水样本进行分析发现，地下水的化学成分趋向于向海水的成分演变，随着地下水沿着径流路径迁移，地下水中主要无机盐阴离子也发生如下转变：

$$HCO_3^- \longrightarrow HCO_3^- + SO_4^{2-} \longrightarrow SO_4^{2-} + HCO_3^- \longrightarrow SO_4^{2-} + Cl^- \longrightarrow$$

$$Cl^- + SO_4^{2-} \longrightarrow Cl^-$$

在地下水补给区,地下水中阴离子以 HCO_3^- 为主,且溶解性总固体含量较低;在地下水径流区,地下水中阴离子以 SO_4^{2-} 为主,溶解性总固体含量升高;在地下水排泄区,地下水流动缓慢,冲刷溶解围岩或者沉积物的能力减小,但是氯离子含量以及溶解性总固体含量较高。

从地球化学的角度来看,地下水中阴离子演变过程主要取决于与地下水接触的矿物成分类型及其溶解性。由于方解石或白云石在几乎所有沉积地区都大量存在,而且这些矿物在与含二氧化碳的地下水接触时会迅速溶解,因此 HCO_3^- 以及 CO_3^{2-} 成为地下水补给区主要阴离子。自然界中有多种矿物含有 SO_4^{2-},最常见的含硫酸盐矿物是石膏($CaSO_4 \cdot 2H_2O$)和无水石膏($CaSO_4$)。石膏的溶解反应是:

$$CaSO_4 \cdot 2H_2O \longrightarrow Ca^{2+} + SO_4^{2-} + 2H_2O$$

石膏和硬石膏的溶解度比方解石和白云石大得多,但远小于氯化物矿物,如岩盐(NaCl)和钾盐(KCl)。方解石(或白云石)和石膏分别在 25℃的水中溶解(CO_2 分压在 $10^{-3} \sim 10^{-1}$ bar 的范围内),水中总溶解固体可达到 2 100 mg/L 和 2 400 mg/L(Freeze 等,1979)。如果方解石和(或白云石)和石膏足够多,补给区 HCO_3^- 型地下水很快就能演化至径流区 SO_4^{2-} 型地下水。但实际地质环境中,由于石膏或硬石膏含量有限,地下水需要迁移足够距离才能发展为 SO_4^{2-} 型。随着地下水不断流动,SO_4^{2-} 型地下水进一步与其他可溶性矿物接触或发生蒸发结晶等情况,SO_4^{2-} 型地下水将进一步向排泄区 Cl^- 型地下水转变。浅层地下水在迁移过程中,其水化学类型可以划分为四个阶段(Freeze 等,1979):

(1)硅酸盐—重碳酸盐水阶段。这个阶段的特征是矿化度很低,盐类组成中以钠和钙的重碳酸盐为主。在这个阶段的后期,由于硅酸盐和碳酸盐的饱和,这两种盐类从潜水中析出后进入沉积物中。

(2)硫酸盐—重碳酸盐水阶段。这个阶段的特征是矿化度较高(3~5 g/L),潜水逐渐为 $CaCO_3$ 和 $CaSO_4$ 所饱和,发生这两种盐类的沉淀析出作用。

(3)氯化物—硫酸盐水阶段。这个阶段开始于不同矿化度的情况下。在某些地区,当矿化度高于 1 g/L 时即达此阶段。而另一些地区,矿化度可能在 5~20 g/L 时才达此阶段,这主要取决于与 SO_4^{2-} 结合的阳离子组成。由于不

同水中所含的 Na_2SO_4、$CaSO_4$ 及 $MgSO_4$ 比例不同,不同地区达到饱和时的浓度也不一致。这一阶段析出的沉淀有 SiO_2、$CaCO_3$、$MgCO_3$ 和 $CaSO_4$,以及一定数量的 Na_2SO_4。

(4)硫酸盐—氯化物阶段。这是潜水矿化度增长过程中的最后阶段。矿化度一般在 $5\sim20$ g/L,上限可达 $30\sim50$ g/L,这个阶段的特征是:地下水为钙和镁的硅酸盐、重碳酸盐以及钙和钠的硫酸盐所饱和,使这些盐自水中析出。此时水中的阴离子以 Cl^- 占绝对优势。阳离子中除 Na^+ 外,由于离子交换作用,Mg^{2+} 含量有所增高,呈现由钠质水向镁质水转变的趋势。

6.2.2 无机盐离子相关性分析

西乌旗地下水存在严重的无机盐超标问题,具体表现为水体苦咸以及容易结垢等,这主要与水体的总硬度、溶解性总固体含量较高相关。总硬度、溶解性总固体含量往往又取决于水中无机盐分的含量。根据相关性分析(见表6.2-1、表6.2-2),西乌旗地下水中总硬度与溶解性总固体、硫酸盐、氯化物、钠、钙、镁、硝酸盐、碳酸氢盐都呈显著正相关;溶解性总固体与总硬度、硫酸盐、氯化物、钠、钙、镁、碳酸氢盐都呈显著正相关。由于总硬度、溶解性总固体含量高导致地下水质差的样品同样表现出较高的上述无机盐类含量,反之亦然。由此可见西乌旗地下水中的较高的总硬度以及溶解性总固体主要是由硫酸盐、氯化物、钠、钙、镁、碳酸氢盐组成。

通过回归分析进一步可以得出,西乌旗地下水舒卡列夫分类结果与地下水 TDS 具有较强正相关关系(见图6.2-1),即已知水化学类型可以估算地下水 TDS。

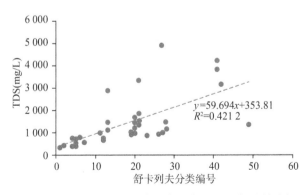

图6.2-1 西乌旗地下水舒卡列夫分类与 TDS 相关性分析图

表 6.2-1　多元相关性统计表

项目	总硬度	溶解性总固体	硫酸盐	氯化物	钠	亚硝酸盐	硝酸盐	钾	钙	镁	碳酸氢盐	碳酸盐
总硬度	1	0.5618	0.7891	0.4905	0.4572	0.1317	0.25	0.1877	0.8244	0.962	0.5276	0.0208
溶解性总固体	0.5618	1	0.6182	0.6753	0.5729	0.0899	0.1186	0.3309	0.5438	0.9246	0.5336	0.0994
硫酸盐	0.7891	0.6182	1	0.488	0.5805	0.1042	0.125	0.1685	0.5131	0.8779	0.3415	0.0891
氯化物	0.4905	0.6753	0.488	1	0.4665	0.0488	0.105	0.2627	0.4651	0.8596	0.387	0.0904
钠	0.4572	0.5729	0.5805	0.4665	1	0.1073	0.0716	0.3722	0.3263	0.8095	0.5196	0.1202
亚硝酸盐	0.1317	0.0899	0.1042	0.0488	0.1073	1	0.4763	0.1654	0.1529	0.0561	0.1256	0.0297
硝酸盐	0.25	0.1186	0.125	0.105	0.0716	0.4763	1	0.3091	0.332	0.121	−0.0915	0.2857
钾	0.1877	0.3309	0.1685	0.2627	0.3722	0.1654	0.3091	1	0.1929	0.1622	0.4922	0.1213
钙	0.8244	0.5438	0.5131	0.4651	0.3263	0.1529	0.332	0.1929	1	0.6384	0.3686	−0.0013
镁	0.962	0.9246	0.8779	0.8596	0.8095	0.0561	0.121	0.1622	0.6384	1	0.5395	0.0289
碳酸氢盐	0.5276	0.5336	0.3415	0.387	0.5196	0.1256	−0.0915	0.4922	0.3686	0.5395	1	−0.0429
碳酸盐	0.0208	0.0994	0.0891	0.0904	0.1202	0.0297	0.2857	0.1213	−0.0013	0.0289	−0.0429	1

表 6.2-2　多元相关性概率统计表

项目	总硬度	溶解性总固体	硫酸盐	氯化物	钠	亚硝酸盐	硝酸盐	钾	钙	镁	碳酸氢盐	碳酸盐
总硬度		<0.000 1	<0.000 1	<0.000 1	<0.000 1	0.016 5	<0.000 1	0.071 6	<0.000 1	<0.000 1	<0.000 1	0.843 4
溶解性总固体	<0.000 1		<0.000 1	<0.000 1	<0.000 1	0.102 7	0.031	0.001 2	<0.000 1	<0.000 1	<0.000 1	0.343
硫酸盐	<0.000 1	<0.000 1		<0.000 1	<0.000 1	0.058 1	0.022 9	0.106 4	<0.000 1	<0.000 1	0.000 8	0.395 5
氯化物	<0.000 1	<0.000 1	<0.000 1		<0.000 1	0.375 7	0.056 3	0.011	<0.000 1	<0.000 1	0.000 1	0.388 9
钠	<0.000 1	<0.000 1	<0.000 1	<0.000 1		0.051 2	0.193 8	0.000 2	0.001 4	<0.000 1	<0.000 1	0.251 3
亚硝酸盐	0.016 5	0.102 7	0.058 1	0.375 7	0.051 2		<0.000 1	0.113	0.143 3	0.593 2	0.230 2	0.777 4
硝酸盐	<0.000 1	0.031	0.022 9	0.056 3	0.193 8	<0.000 1		0.002 6	0.001 2	0.248 1	0.382 9	0.005 5
钾	0.071 6	0.001 2	0.106 4	0.011	0.000 2	0.113	0.002 6		0.063 9	0.120 4	<0.000 1	0.246 7
钙	<0.000 1	<0.000 1	<0.000 1	<0.000 1	0.001 4	0.143 3	0.001 2	0.063 9		<0.000 1	0.000 3	0.990 3
镁	<0.000 1	<0.000 1	<0.000 1	<0.000 1	<0.000 1	0.593 2	0.248 1	0.120 4	<0.000 1		<0.000 1	0.783 2
碳酸氢盐	<0.000 1	<0.000 1	0.000 8	0.000 1	<0.000 1	0.230 2	0.382 9	<0.000 1	0.000 3	<0.000 1		0.683 2
碳酸盐	0.843 4	0.343	0.395 5	0.388 9	0.251 3	0.777 4	0.005 5	0.246 7	0.990 3	0.783 2	0.683 2	<0.000 1

西乌旗地下水无机盐是否超标与地下水化学类型密切相关。首先，从水中无机盐含量来看，随着水中溶解的无机盐含量增加，无机盐的阳离子组成也由钙离子逐渐变为钠离子，阴离子的组成逐渐由 HCO_3^- 变为氯离子（见表 6.2-3）。

表 6.2-3 西乌旗地下水舒卡列夫分类成果表

	化学成分	HCO_3^-	$HCO_3^-+SO_4^{2-}$	$HCO_3^-+SO_4^{2-}+Cl^-$	$HCO_3^-+Cl^-$	SO_4^{2-}	$SO_4^{2-}+Cl^-$	Cl^-
	Ca^{2+}	1	8	15	22	29	36	43
	$Ca^{2+}+Mg^{2+}$	2	9	16	23	30	37	44
TDS增加	Mg^{2+}	3	10	17	24	31	38	45
	Na^++Ca^{2+}	4	11	18	25	32	39	46
	$Na^++Ca^{2+}+Mg^{2+}$	5	12	19	26	33	40	47
	Na^++Mg^{2+}	6	13	20	27	34	41	48
	Na^+	7	14	21	28	35	42	49

（水好 ←→ TDS增加 ←→ 水差；水好 ↓ TDS增加 ↓ 水差）

注：灰色单元格为西乌旗存在的地下水类型，数字为各类地下水的代码。

进一步从空间分布来看，西乌旗地下水主要无机盐超标区分布在吉仁高勒镇中西部、巴彦胡舒苏木北部以及乌兰哈拉嘎苏木与高日罕镇西北部交界处，这些地区的地下水化学类型以 $Na^+—Cl^-$ 型为主。在巴彦花镇、浩勒图高勒镇也有零散分布的小范围超标区，这些地区的水化学类型以 $Na^+—HCO_3^-$、$Ca^{2+}—HCO_3^-$ 型为主。无机盐没有明显超标的地区水化学类型以 $Ca^{2+}—HCO_3^-$ 型为主，详见图 6.2-2、图 6.2-3。

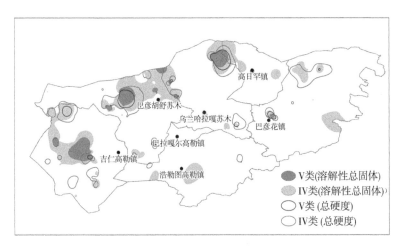

图 6.2-2 西乌旗地下水无机盐超标区分布位置图

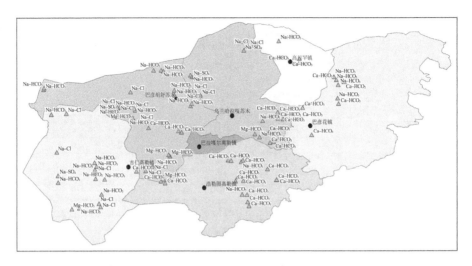

图 6.2-3　西乌旗地下水水化学类型空间分布图

(图中水化学类型由毫克当量百分比最高的阳离子和阴离子组成,图中空间有限,省略电荷数)

西乌旗 Ca^{2+}—HCO_3^- 型(代码为1)地下水的 TDS 平均值仅为 360.89 mg/L(最大值为 533.66 mg/L,最小值为 191.51 mg/L),是西乌旗地下水 TDS 平均值最低的一类水,这类水分布在西乌旗南部,其 TDS 单项指标普遍达到Ⅱ类,甚至Ⅰ类地下水,仅有个别样品为Ⅲ类水。随着地下水向北径流,水中物质成分不断析出和溶解,地下水化学类型也发生演变,以 Ca^{2+}—HCO_3^- 为主的地下水逐渐转变为阳离子 Mg^{2+} 甚至 Na^+(K^+)为主的地下水类型,阴离子的主要成分也转变为 SO_4^{2-} 以及 Cl^-,水中 TDS 也明显增大。例如西乌旗 Mg^{2+} + Ca^{2+} 为主的地下水(舒卡列夫分类代码为 2 和 23)TDS 分布在 518.96~882.46 mg/L,而 Na^+ 型地下水(舒卡列夫分类代码为 7、21、28、42、49)的 TDS 普遍达到 1 000 mg/L 以上,部分甚至高达 5 000 mg/L 以上,水质多为Ⅳ类和Ⅴ类地下水。按照相关规范规定该Ⅳ类地下水需要适当处理后才能作为生活饮用水,而Ⅴ类地下水则不再适合作为饮用水水源。

6.2.3　无机盐迁移及富集原因

查明西乌旗地下水无机盐超标的原因首先需要明白地下水化学类型的改变原因。西乌旗含水地层分布情况较为复杂(详见图 6.2-4),其中南部多山区,主要含水岩层(岩组)是火成岩为主的基岩裂隙水,这类基岩裂隙水又可以分为裂隙潜水和裂隙承压水,前者分布在表层裂隙发育的山区和丘陵区,后者分布在低洼沟谷的深部(上覆松散沉积物)。西乌旗地下水的主要补给来源于南部山区,随着地下水由南向北流动。西乌旗北部多平原、盆地,含水岩层(岩组)非常复杂,但目前取用的地下水主要来自第三系上新统和白垩系下统半固结内陆河湖相地层以及第四系含水层。相对于南部山区含水层,北部地区含水层中可溶盐类含量更高,而且由于其未固结,水岩化学淋滤作用更强。地下水由南向北流动过程中含水层(特别是半固结内陆河湖相含水层)中积聚的钠离子开始大量交换水中的钙离子,使地下水中钠离子取代了钙离子。因此在南部高水头地区潜水水化学类型仍为矿化度小于 1 000 mg/L 的 $HCO_3^- - Ca^{2+} +$ Mg^{2+} 型水,而到西乌旗中部地区以及径流不畅的低洼地区开始逐渐出现 $HCO_3^- - Na^+$ 或 $HCO_3^- - Na^+ + Ca^{2+}$ 型水。局部洼地出现了溶滤蒸发型的 $HCO_3^- + SO_4^{2-} - Na^+$,$SO_4^{2-} + HCO_3^- - Na^+$ 和 $Cl^- + HCO_3^- - Na^+ + Ca^{2+}$ 型水,溶滤的硫酸盐主要与侏罗系中下统煤系地层相关。随着地下水进一步向北流动,甚至出现 $Cl^- - Na^+$ 型地下水。此外,西乌旗总体降水稀少蒸发强烈,特别是北部以及西北部平原及低洼盆地地区,降水较西乌旗南部和东南部更少,但是蒸发更为强烈,加之这一地区地貌总体平坦,局部为低洼盆地等,导致地下水径流缓慢、淋滤溶解无机盐强度增大、潜水蒸发浓缩作用加剧,这也是西乌旗北部和西北部无机盐超标严重的重要因素。

综上所述,西乌旗地下水无机盐超标的原因可以概括为以下几点:

首先,西乌旗吉仁高勒镇中西部、巴彦胡舒苏木北部以及乌兰哈拉嘎苏木与高日罕镇西北部交界处主要含水层为第三系上新统和白垩系下统半固结内陆河湖相地层以及第四系松散沉积物,这类地层本身含有大量无机易溶盐矿物成分。

其次,西乌旗地下水总体由南向北流动,南部地势高为地下水补给源头,且地下水径流快;北部和西北部地区地势低,径流缓慢、淋滤作用强。地下水由南向北流动过程中溶滤的无机盐成分均在西乌旗北部和西北部低洼地区富集。

最后,西乌旗整体处于干旱地区,北部和西北部地区地下水受蒸发浓缩作用影响更加强烈。

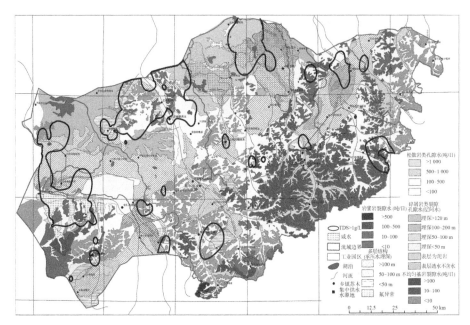

图 6.2-4　西乌旗地下水无机盐富集区分布特征图

6.3　铁超标原因分析

6.3.1　铁元素来源

　　根据质量计算,铁在地球上是占比最多的元素之一,为地球外核和内核的主要成分。它也是地壳中含量第四多的元素。地壳中的纯铁十分稀少,主要是以铁的化合物形式存在的各种铁矿,其中主要以赤铁矿(Fe_2O_3)、磁铁矿(Fe_3O_4)和菱铁矿($FeCO_3$)最为常见。地下水中铁锰等金属元素的来源一般分为自然来源和人为来源,但是其浓度会受到多种因素的影响。以西乌旗地下水广泛存在的铁为例,其浓度因区域地质、水文、土壤条件和人为活动(农业、矿产开采、冶金、废弃物填埋等)等因素而异(Raju,2006)。

　　(1)在地质和水文条件方面,富含铁矿物(如玄武岩、砂岩和页岩)的地区,地下水往往含有较高的铁浓度。例如,印度部分地区地下水中铁含量高,与当地富含含铁矿物的地质有关(Raju,2006);美国地质调查局国家水质评估(USGS,National Water-Quality Assessment)计划认为美国中西部和东北部水体铁异常与该区域冰川沉积物和酸性含铁基岩密切相关。

（2）在氧化还原环境方面，地下水的氧化还原条件在确定铁浓度方面起着至关重要的作用。在还原条件下，三价铁矿物更易溶解，可导致地下水中溶解铁的浓度升高，这是许多厌氧环境中地下水铁污染的原因，例如深层含水层或有机质含量高、有利于还原条件的区域（Appelo 等，2005）。

（3）在人为活动方面，采矿及冶炼、含铁肥料的使用、输水管道老化、含铁锰的污水未经处理的排放、废弃物中的铁浸出液以及污废水下渗等，都会对周边地下水铁含量产生影响（Nordstrom 等，1999；Sarkar 等，2018）。

此外，土壤和基岩中含铁矿物的溶解、氧化还原条件、pH 以及存在其他可使铁迁移或固定的化学物质都是影响地下水中铁含量的因子。

西乌旗地下水中的铁不论超标倍数还是超标范围都较为严重，而且铁污染的分布规律与无机盐分布规律并不相同。20 世纪我国在水文地质普查采样分析中也发现，160 余件样品中约有 16％的样品存在铁锰超标，超标原因为地下水淋滤含水层中黄铁矿（FeS_2）等富铁矿物。1：5 万区域矿产地质调查中也指出西乌旗二叠系、侏罗系地层中铁锰元素超标。近期其他相关水文地质调查也发现巴拉嘎尔高勒镇水源地地下水中也存在锰超标的情况（$0.24\sim0.50$ mg/L），并认为锰的来源主要为降水及地下水淋滤高锰土壤相关，土壤中的锰与部分地层中凝灰岩、流纹岩和安山岩等火山岩中 MnO 含量异常相关。

西乌旗地下水中存在多处铁异常区（见图 6.3-1），其中以吉仁高勒镇西侧、浩勒图高勒镇东北侧、巴彦胡舒苏木西南最为严重。此外在乌兰哈拉嘎苏木、巴彦花镇南部等地区的地下水中也存在铁含量异常。下面将分别对地下水铁异值区进行分析。

1. 吉仁高勒镇

西乌旗金属矿产较为丰富，矿产普查时发现多个地方有航磁异常以及含铁矿物的矿化点。地质部航空物探大队九六队于 1961 年在吉仁高勒镇及其周边地区（锡林浩特市境内）开展过 1/20 万航空磁法测量工作，圈出 10 个异常区，其中 5 个异常区位于吉仁高勒镇内，一个异常区位于吉仁高勒镇与锡林浩特市交界附近。吉仁高勒镇地下水铁含量异常区总体均处于航磁异常区范围内。航磁异常区地质特征主要为二叠系下统达里诺尔组上碎屑岩段以及火山岩层，和（或）侏罗系上统兴安岭群酸性火山岩组、灰色/灰白色流纹质岩屑晶屑凝灰岩及中基性火山岩组、灰褐色/暗灰色玄武岩，异常区内外广覆第四系。航磁异常以及铁含量异常主要受控于异常区花岗岩、中性火山岩(闪长岩)、玄武岩及富含磁铁矿的有关的岩体。

2. 巴彦胡舒苏木

巴彦胡舒苏木西北部存在较大范围的航磁异常区。在该异常区内发现大量铬、铁、铜异常,分布较为普遍的矿物包括铬铁矿、钛铁矿等。钛铁矿主要富集在燕山早期哈日根台、巴彦布拉格花岗岩辉长岩岩体附近的残坡积层内。

钛铁矿、锆石、白钨矿、金红石常在一起出现,属于共生组合。特别是在一些河流中比较富集和集中,这与该区断裂构造发育、岩浆岩活动频繁、富含重矿物的燕山早期辉长岩、闪长岩、花岗岩、石英斑岩的广泛分布,有着密切的生成联系。地下水铁高值区距离航磁探测异常区不足 6.5 km,且航磁探测异常区处于地下水铁高值区的"上游",即前者是后者的补给区。因此地下水不断冲刷淋滤含水层中的铁等重金属成分,再叠加该区域降水稀少蒸发浓缩强烈的影响,导致部分地区地下水中铁等重金属含量异常。

3. 浩勒图高勒镇

浩勒图高勒镇同样存在地下水铁含量异常高的区域,该区域主要分布在道伦达坝多金属矿、巴拉嘎尔嘎查铁矿。道伦达坝多金属矿的钨锡金属总储量达到大型,主要金属矿物有磁黄铁矿等。矿石构造主要为脉状、网脉状、交错脉状、浸染状、团块状等。推测浩勒图高勒镇地下水中铁的来源主要与道伦达坝多金属矿、巴拉嘎尔嘎查铁矿等相关。

4. 其他地区

除上述金属矿床、矿点、矿化点以及航磁异常区,西乌旗还存在多处零散分布小规模金属元素富集区,例如巴彦花镇西北以及罕乌拉居委会西南。这些矿点均对西乌旗一定范围内的地下水重金属元素来源与富集有贡献。

此外,重金属元素的化学性质(特别是元素迁移能力)、地下水径流是否畅通、地下水是否能够接受当地大气降水补给、地下水埋设以及蒸发强度都是影响地下水中重金属元素浓度的原因。

从流域上来看,区域上研究区处于地下水的汇水区,研究区地下水主要来源于上游地区侧向径流补给。地下水的快速流动过程使得地层中的铁锰元素被加速溶滤,当径流条件变差时造成地下水铁锰离子富集。地下水样品中铁锰元素含量最高的图日巴图牧户井水处于研究区地下水排泄区,地下水径流条件差,牧户用水井如果打在含铁较高的卵砾石层位,就会导致地下水铁锰含量富集且不易随地下水径流排泄。

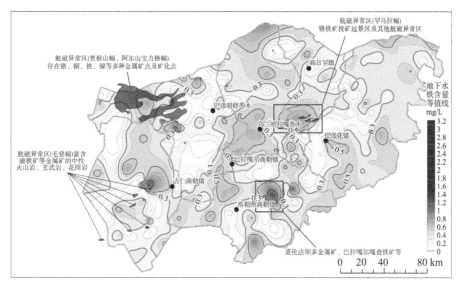

图 6.3-1　西乌旗地下水铁异常原因示意图

6.3.2　铁元素迁移转化

1. 地下水中铁元素迁移

自然水体中的铁锰主要以氧化态形式存在,其来源通常是由于岩石和矿物中难溶化合物中铁锰质的溶解而致。含碳酸的地下水可将二价铁氧化物溶解生成碳酸亚铁,当岩层中有碳酸亚铁存在时,碳酸亚铁在碳酸作用下也能生成溶解于水的重碳酸亚铁;在含有机物的地层中,微生物消耗溶解氧分解有机物产生一定数量的硫化氢和二氧化碳,硫化氢与三价铁氧化物作用生成 FeS 沉淀,再与碳酸作用生成溶于水的 $Fe(HCO_3)_2$。另外,一些有机酸也能够溶解岩层中的三价铁氧化物。铁锰在自然水体中的化学反应复杂多样,主要包括溶解、氧化、还原、沉淀和络合等过程。这些过程受到 pH、溶解氧含量、有机物质的影响以及微生物活动等因素的调控。因此地下水中铁锰离子超标除受到地层因素和水文地质因素的影响外,最主要的原因还是地下水所处的环境。鉴于铁锰性质相似,下面以铁为例介绍其在水中的物理化学反应。

溶解与沉淀:铁在自然水体中的溶解度受到 pH 和氧化还原条件的强烈影响。在低氧化还原电位和低 pH 条件下,二价铁较为稳定,可以较好地溶解在水中。而当 pH 升高或者存在氧化条件时,二价铁会被氧化为三价铁,形成难溶的氢氧化铁沉淀($Fe(OH)_3$),导致铁从水体中移除(Stumm 等,1996)。在水的循环中,部分降水由地表渗入地下的过程中,一般都要经过富含有机物的表层土壤。含有碳酸的地下水在通过地层的过滤过程中,能逐渐溶解岩层中二价铁的氧化物而生成可溶性的重碳酸亚铁:

$$FeO + 2CO_2 + H_2O \rightleftharpoons Fe(HCO_3)_2$$

氧化还原反应:二价铁到三价铁的氧化是一个重要的化学反应,通常由溶解氧或其他氧化剂促进。三价铁的氧化物在还原条件下被还原而溶解于水。在还原条件下三价铁的氧化物被还原成 Fe^{2+},与 Fe^{3+} 相比,Fe^{2+} 的活性更大,Fe^{2+} 矿物更易溶解于水中,造成了水中铁离子含量超标。此外,某些微生物可以通过使用二价铁作为电子供体来促进这一过程。反过来,三价铁在缺氧或厌氧条件下也可以被还原成二价铁,这一过程同样可以通过微生物作用进行(Singer 等,1970)。还原环境是地下水中的变价元素铁的离子形成及其富集的重要控制因素;地下水铁元素含量在不同的环境区差异较大,在氧化环境区,Fe^{2+} 不稳定,易被氧化成为高价态形态形成沉淀析出,在还原环境中,在有机质的参与下,土壤中的铁的氧化物经溶滤作用被溶解,其中的高价 Fe 被还原并形成重碳酸亚铁而溶于水,随着地下水的流动,Fe^{2+} 在地下水中聚集,形成富铁地下水。

络合和吸附:在自然水体中,铁常与有机物质形成络合物,特别是与天然有机物(如腐殖质)形成的络合物可以增加铁的溶解度并影响其迁移性。此外,铁也可以在矿物表面发生吸附作用,这也是影响其在水体中行为的一个重要因素(Faust 等,2018)。

微生物作用:微生物在铁的生物地球化学循环中扮演着关键角色,它们不仅可以促进二价铁的氧化,还可以在缺氧条件下还原三价铁,影响铁的形态和迁移(Weber 等,2006)。在富含有机质的地层中,常由于微生物的强烈作用而处于厌氧条件之下。有机物发生厌氧化分解,产生出相当数量的硫化氢、二氧化碳和沼气,地层中的三价铁能被还原为二价铁而溶于水中。三价铁的氧化物被硫化氢还原的过程如下:

$$Fe_2O_3 + 3H_2S \rightleftharpoons 2FeS + 3H_2O + S$$

以上生成的硫化铁在碳酸的作用下溶于水中:

$$FeS + 2CO_2 + 2H_2O \Longrightarrow Fe(HCO_3)_2 + H_2S$$

西乌旗地下水除上述迁移转化过程外,还有一个值得注意的现象是,研究区部分井深较浅的井水,其铁锰含量情况要好于井深较大的井水。这主要是由于浅层地下水直接与包气带接触,其含氧量相对较高,Fe^{2+} 能够被氧化为 Fe^{3+} 以胶体或沉淀的形式存在于岩层中,造成地下水中 Fe^{2+} 减少(这一过程的原理同铁锰超标地下水未抽取到地表时,无色,抽出地面后氧化,成黄褐色);另外,深层地下水含水层距地面较远其含氧量相对较低,使得大量被溶解的铁元素只能以 Fe^{2+} 的状态溶解于水中,使深层地下水中铁离子的含量高于浅层。

6.4 有毒有害元素污染原因分析

6.4.1 氟化物

1. 来源

地下水中天然存在的高浓度氟是一个全球性的健康问题,可能影响到数以亿计的人(Ayoob 等,2006)。氟是地壳中广泛分布的元素,土壤和含水层基岩都存在不同浓度的氟化物,土壤中氟化物的主要天然来源依然是其母岩。在三大岩类中,酸性岩浆岩、喷出岩或与火山和地热活动相关的沉积岩、部分变质岩(高 pH 及低钙质)往往含有较高氟浓度(Podgorski 等,2022),例如花岗岩氟含量为 20~3 600 ppm(Turekian 等,1961)。在岩石的组成矿物中,作为附属矿物出现在花岗岩中的萤石是自然界中主要含氟矿物,磷灰石、闪长岩、辉绿岩、角闪石、黝帘石、黑云母、云母以及部分黏土和蛭石中也含有氟。

西乌旗地下水氟化物超标较为多见。20 世纪水文地质调查期间就发现其大量地下水样品存在氟化物超标的情况,特别是在浩勒图高勒镇、吉仁高勒镇等多个地区的孔隙潜水中氟离子含量超过了 1.0 mg/L 的生活饮用水水质标准,部分地区普遍处于 1.0~3.0 mg/L,个别地方甚至达到 6.60 mg/L,若人、畜长期饮用,会引起一些氟中毒的现象,危害当地人民身体健康。全球包括中国在内的多个国家存在较为严重的地下水氟污染。从西乌旗氟化物超标地下水的分布特点来看,该类地下水主要集中分布在以下地区:

(1)湖盆洼地以及沿河沼泽湿地,例如高日罕河北部、彦吉嘎河北部、伊和吉林郭勒等。

（2）火成岩大面积出露地区及其沟谷洼地，例如巴彦花镇东部、浩勒图高勒镇南部、吉仁高勒镇西部以及巴彦胡硕镇北部等。

在垂直方向上，氟化物超标地下水多分布在湖相淤泥质粉细砂和粉砂质淤泥层中。这与平面上的氟化物地下水富集分布是相吻合的。

从平面上和在垂直剖面上的分布规律可以看出西乌旗地下水氟化物来源于区内大面积分布的火山岩。

氟元素是活泼的非金属元素，在地壳内部，它易与其他元素组成为极易转移的挥发性化合物，当岩浆到了侵入的后期，温度降低到 300℃ 左右时，就从低温热液中析出成为氟化物的矿物，例如萤石、黄玉、云母、角闪石等，或者是火山喷发时易挥发的氟化物，伴随喷出物混杂在火成岩里。

西乌旗地下水氟超标分布区集中在火山岩广泛分布的地区（详见下图 6.4-1），这些地区含氟矿物及其母岩（包括花岗岩、玄武岩和页岩）会在地下水中释放氟。因此，土壤和岩石是西乌旗氟化物的天然来源，水渗透土壤和岩石过程中发生的自然淋滤是地下水污染形成的重要原因。此外，西乌旗地下水 pH 都在 7 以上略偏碱性。当地下水碱度较高时，氢氧根离子很快取代云母、角闪石等矿物中的氟离子，导致氟化物更加容易被大量溶解到地下水中。西乌旗地下水温度和停留时间会加速岩石中含氟矿物的溶解，包括水与富氟矿物岩土体之间长期接触，水的蒸发等。西乌旗属于半干旱地区，降水补给地下水对氟化物含量的稀释影响有限。

2. 迁移

地下水中的氟主要以自由离子形式出现，其次为 CaF^+、MgF^+ 等络合物。高 pH 促进氟从黏土中解吸；羟基（OH^-）与矿物中 F^- 可以发生置换；碳酸氢盐与氟化钙反应释放氟，尽管溶解的钙又可以与氟结合重新形成氟化钙沉淀（He 等 2020；Guo 等，2007；Saxena 等，2003）。此外，温度升高可增强化学风化作用，径流缓慢增加水岩作用时间都可以促进上述反应时间和强度（Saxena 等，2003）。干旱和半干旱地区由于 pH 和碱度较高以及停留时间较长，更可能含有高氟地下水（Islam 等，2021；Ali 等，2016）。此外，含水层的岩性、结构、透水性、地下水埋深等因素也同样是地下水氟含量变化的影响因子。

研究区氟化物的迁移具有淋溶—径流、径流—蒸发富集两个阶段。第一阶段淋溶—径流主要是发生在研究区散布的花岗岩区，花岗岩裂隙中的地下水淋溶云母、萤石等矿物中的氟，然后氟随着地下水迁移；第二阶段发生在研究区中

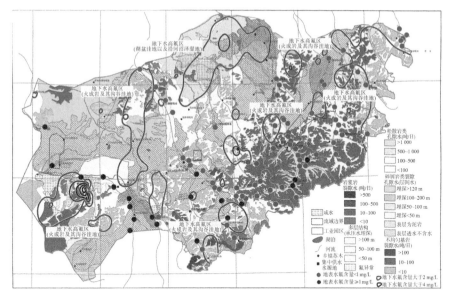

图 6.4-1　西乌旗地下水高氟区分布及成因类型图

部和北部地区,含氟地下水从花岗岩地区径流到这些地势平坦的沉积岩(沉积物)区域后,水力梯度下降,水流缓慢,水岩作用时间增加,蒸发加强,水中物质成分不易迁移,含氟地下水进一步浓缩,氟化物浓度进一步升高。

6.4.2　硝酸盐及亚硝酸盐

1. 来源

自 20 世纪 70 年代以来,硝酸盐对地下水的污染已成为一个重大的环境问题,世界许多地区都报告了地下水硝酸盐污染案例(Burden 等,1982;Spalding 等,1993;Beeson 等,2004;Roy 等,2007)。

硝酸盐或者亚硝酸盐主要来源有自然和人为两种。自然界中的硝酸盐或者亚硝酸盐又主要受控于地壳矿物(如硝酸钠)以及大气中的氮气。在合成氮肥出现之前,这些自然矿床是肥料硝酸盐的重要来源之一,这些矿床仍然可以对局部地区的地下水硝酸盐浓度产生显著影响。例如美国蒙大拿州、内布拉斯加州西部、南达科他州中西部和加利福尼亚州的圣华金谷都存在大量地质成因的硝酸盐,这些地区的降水或者灌溉淋滤作用会影响地下水中硝酸盐或者亚硝酸盐含量(Boyce 等,1976;Strathouse 等,1980)。

氮气占地球大气的 78%,氮在生态系统中的循环受到生物和非生物过程的影响。与高等植物不能显著利用大气中的氮不同，一些细菌群体以及蓝绿藻和一些真菌，都能够吸收大气中的氮。因此，低等生物体的氮吸收是大气氮可用于动植物组织生长和繁殖的主要自然机制。土壤中氮质植物组织的微生物介导分解后，以铵或硝酸盐的形式释放氮，这些氮可能被土壤生物体重新吸收。在氧化条件下，土壤生物体会迅速将铵氧化为硝酸盐（硝化）（Bouchard 等，1992；Rivett 等，2008）。

与人类活动相关的硝酸盐或者亚硝酸盐来源也有多种。国内外大量研究已表明地下水硝酸盐含量上升最主要的原因是农区大量施用氮素化肥和牧区畜禽粪便的分解淋失（刘光栋等，2005）。鉴于本次调查区农业并不发达，农田数量很少，因此不对农业活动与地下水环境的关系展开介绍。在放牧强度较大的牧区，硝酸盐、亚硝酸盐和 N_2O 排放的主要来源是动物的排泄物，尤其是尿液。动物在草地上吃草时，摄入的氮有 70% 至 90% 返回草地，其中约 80% 的氮存在于尿液中（Haynes 等，1993；Selbie 等，2015）。在没有生活污废水处理系统的人口密集区，化粪池中约 75% 的氮以铵的形式存在，25% 的氮以有机氮的形式存在（Bouchard 等，1992）。化粪池排出的液体或者直接排入地表的污生活废水在大气作用下铵和有机氮被转化为硝酸盐，然后可能再被运输到地下水中。

根据国家目前相关规定，西乌旗地下水中亚硝酸盐超标情况非常轻微，仅有一处地下水中亚硝酸盐的含量达到 1.19 mg/L，属于 Ⅳ 类水（Ⅳ 类水亚硝酸盐上限为 4.8 mg/L），其他均为 Ⅲ 类或者 Ⅲ 类以下水。单一地下水样品的硝酸盐情况可能与牧户取水井周边的环境状况相关，并非区域性现象，因此不进行详细评价。

目前国内许多地方地下水中硝酸盐含量上升最主要的原因是氮素等肥料的大量施用。无论是氮素化肥还是厩肥，当大量施用于农田时，由于作物不能全部吸收利用，而土壤胶体又不能吸附一价的硝酸根阴离子，在降雨和灌溉条件下，土壤中的硝酸盐很容易被向下淋洗，从而污染地下水。本项目研究区属于牧区，无大规模农田，所以农业施肥灌溉并不是西乌旗地下水硝酸盐超标的主要原因。

根据野外实地调查以及遥感影像分析，西乌旗地下水硝酸盐异常区分布在河湖沼泽湿地（包括河湖干涸后的盐碱地）以及部分城镇地区（见图 6.4-2）。河湖沼泽湿地及其周边的有机氮和 NH_4^+—N 硝化作用形成硝酸盐，之后随着

雨水及地表水等垂直下渗进入地下水,导致地下水硝酸盐含量升高;一些由于
河湖干涸形成的盐碱地,其土壤中富含无机硝酸盐类,这类土壤在雨水下渗淋
滤过程中也会富集硝酸盐,导致地下水硝酸盐含量升高。以上原因被统称为地
质原因,是西乌旗大部分地方硝酸盐超标的原因,详见图6.4-2。此外生活污
水、垃圾填埋场、化粪池等(含牛羊粪便等腐殖质淋滤水)是西乌旗高日罕等城
镇地区地下水硝酸盐含量升高的原因,具体人为硝酸盐超标分布情况见图
6.4-2。

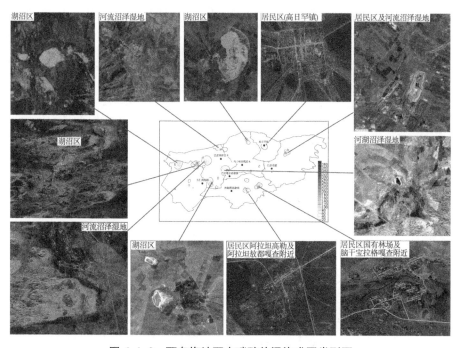

图6.4-2　西乌旗地下水硝酸盐污染成因类型图

西乌旗属于典型的草原牧区,土壤中氮迁移转化的主要因素是土质与土壤
水分,土壤温度、透气性、土壤pH等通过影响土壤中的微生物而影响氮的迁移
转化。在表层土壤的草本植物根区,固氮和硝化过程以铵(NH_4^+)和硝酸盐的
形式向植物提供氮,各个地区硝酸盐污染程度不同还受自然生物地球化学过程
的制约。硝酸盐的还原可通过植物吸收、固氮作用、挥发、径流损失和反硝化作
用进行,这些过程或单独或共同作用也可以限制硝酸盐流入地下水。总体而
言,复杂的生物地球化学过程可降低进入地下水的硝酸盐水平。西乌旗硝酸盐
超标严重地区多属于沙地或者盐碱地(地质成因),生物地球化学过程较为简

单,这也是这些地区硝酸盐超标严重的原因之一。硝酸盐等成分一旦进入地下水中,由于地下水中天然存在的溶解有机化合物只能支持较小的反硝化率,因此地下水自身较难通过反硝化过程等降低硝酸盐等含氮成分。

2. 迁移转化

天然条件下,浅层地下水中赋存的氮(N)的形式有硝态氮(NO_3^-—N)、亚硝态氮(NO_2^-—N)、铵态氮(NH_4^+—N)、氨态氮(NH_3—N)、气态氮(N_2 和 N_2O)和有机氮等,这些氮的形态随地下水中的地球化学条件变化而变化。通常情况下,天然浅层地下水多为中性,且不存在可以使硝态氮(NO_3^-—N)、亚硝态氮(NO_2^-—N)、铵态氮(NH_4^+—N)和氨态氮(NH_3—N)沉淀的阳离子和阴离子。当 Eh $\geq$ +200 mV 时,硝态氮(NO_3^-—N)是稳定的,而铵态氮(NH_4^+—N)和氨态氮(NH_3—N)则不稳定。在硝化反应的作用下,这些不稳定的物质最终将转化为硝态氮。因此,天然状态下硝态氮(NO_3^-—N)是浅层地下水中溶解氮的主体。

6.4.3 氨氮

1. 来源

氨氮浓度是指未电离的氨和铵的总和,它是水质的一个指标,也是研究水生环境中氮循环的一个关键参数。一般情况下,水中氨氮浓度增高时,揭示水质近期可能受到有机物的污染(李烨等,2011)。市政和各类工农业废水中氨氮的排放是世界上很多国家地下水中氨氮污染的主要污染源(Lin 等,2019),另外,城市污水厂脱氮不力,使出水氨氮通常达不到国家污水排放标准,江、河、湖泊等地表水中的氨氮含量较高,地表水在向地下水补给的过程中影响了地下水中氨氮的浓度(郭宝萍等,2007;李烨等,2011)。此外,地下水接受大气降水和灌溉水入渗补给,氨氮会随水的下渗作用进入地下水循环,进而污染农区地下水。人畜粪便中含氮有机物很不稳定,容易转化成氨,因此牧区氨氮与牲畜的排泄物密切相关(郭立秋,2011)。自然水域中存在过量的铵,表明人类活动已极大地改变了全球氮循环。

单从氨氮这一个指标来看,西乌旗地下水氨氮超标情况并不严重,全旗98%的地下水属于Ⅲ类及以下水。与硝酸盐分布规律相似,西乌旗氨氮含量较高的地下水(Ⅳ以及Ⅴ类)主要分布在河湖沼泽湿地及其周边的盐碱地(见图6.4-3)。

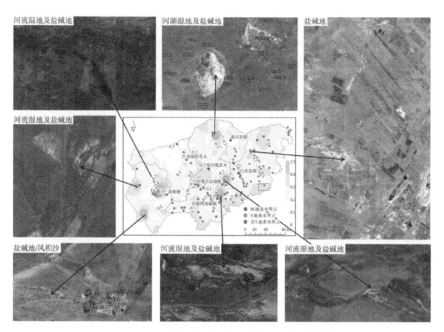

图 6.4-3　西乌旗地下水氨氮污染成因类型图

　　西乌旗南部为大兴安岭山区,中部和北部为山前倾斜平原区(局部为低山丘陵区),地下水受大气降水及部分区外补给,统一由南向北流动,最终在河湖沼泽等地势低洼地区排泄。在南部基岩山区,由于受大气降水补给,地下水径流距离短,水质一般均较好。但是在河湖沼泽湿地地区(地下多以冲湖积及部分冲洪积地层为主),一方面地下水由南向北径流距离长,淋滤了大量含氮矿物质,另一方面受大气降水下渗补给,河湖湿地大量氨氮随水分进入地下水,潜水含水层以下存在第三、白垩系等泥岩隔水层,物质垂向运动受阻;还有一方面是这些地区地下水位普遍较浅,地下水受蒸发浓缩作用影响强烈。由于以上三方面作用相互叠加导致西乌旗部分地区出现氨氮超标的情况,而且地下水由洼地边缘向中心径流聚集,水质也由较好变差。此外,通过地表水环境调查成果可知,河湖沼泽湿地所在地区的氨氮含量均出现一定程度超标(Ⅳ类及以上),部分达到劣Ⅴ类。河湖湿地等低洼地区地下水位埋深浅,地表水与地下水之间存在着水力联系,地表水中氨氮对地下水可能也存在一定补给。

　　除天然原因外,居民取水井的卫生状况也对井水氨氮含量有很大影响,吉仁高勒镇杰仁嘎查个别牧户极高的氨氮含量与其卫生状况相关。相关结论从总大肠菌群等异常分布特征也可以证实。

影响盐碱地土壤中氮迁移转化的主要因素是土质与土壤水分,土壤温度、透气性、土壤 pH 等通过影响土壤中的微生物而影响氮的迁移转化,所以氨氮超标地区与硝酸盐超标地区并不完全一致。

2. 迁移转化

地下水中的氨氮是由未电离的氨(NH_3)和铵(NH_4^+)组成,是无机氮中还原性最强的物质。作为自然水域中氨氮的主要形式,铵对浮游植物的生长非常重要。前人曾对浮游植物对无机氮的不同利用方式进行过研究,发现使用铵作为氮源时,硝酸盐的还原不需要额外的能量,因此铵比硝酸盐更容易被利用(Wheeler 等 1990;Dortch 等,1990)。铵虽然是浮游植物的首选氮源,但是过量的铵会造成水体富营养化,从而可能导致缺氧和氧化亚氮排放增加等其他环境问题(Canfield 等,2010;Xia 等,2018)。相比之下,未电离的氨氮在正常自然水域中只占氨氮的一小部分,但当其浓度超过一定限度时,就会对水生生物产生毒性(Erickson 等,1985)。

氨氮的存在形式以及迁移转化过程主要取决于 pH 以及温度(Lin 等,2019)。一般来说,pH 每增加一个单位,水中未电离氨氮与氨氮的比率就会增加十倍,温度在 0~30℃ 每升高 10℃,未电离氨氮与氨氮的比率就会增加大约两倍(Erickson 等,1985)。当水的 pH 低于 8.75 时,铵是主要形式,而当 pH 高于 9.75 时,氨是主要形式。在大多数天然水域的 pH 范围内,氨氮主要以铵的形式存在,但在较高的 pH 和温度下,未电离的氨的比例会增加。西乌旗地下水 pH 普遍在 9 以下,当地下水温度为 20℃ 时,地下水氨氮中 NH_3 占比在 30% 左右,其他为 NH_4^+。当 pH 不变,地下水加热至 100℃ 时,NH_3 的比例增加至 90% 以上,然后以气态形式进入空气。

6.5 微生物及耗氧量超标原因分析

6.5.1 细菌总数超标原因分析

1. 来源

地下水中的细菌来源多样,包括自然来源和人为活动。自然来源主要是土壤和岩石层中的微生物通过水文地质过程进入地下水中。人为活动,如农业运作、工业排放、未经处理的城市污水排放和废物处理场的渗漏,也会对地下水的微生物组成产生重要影响。Wolters 等人(1956)从一个多孔的、冲积的砂砾含水层(地下 5~50 m)筛选出 265 个细菌分离株,并在其中区分出 40 个菌株,这些菌株属于变形菌门、放线菌门和拟杆菌门。Hoos 等(1982)分析了跨越含水层未饱和带和饱和带、深度从 10 m 到 90 m 的 30 多个沉积物岩芯,发现了需氧异养细菌、硝化细菌、锰氧化细菌、硫氧化细菌、铁还原细菌和硫酸盐还原细菌等,所有功能群在多个深度处被检测到,且局部出现与局部沉积物结构相关联。这些功能群的出现与深度之间没有发现显著的相关性。其他在原生浅层含水层中的早期研究显示,微生物群落与上覆面层土壤中的微生物群落不同,且总体多样性较低(Balkwill 等,1985;Bone 等,1988),主要包括 α-变形菌门和 β-变形菌门、拟杆菌门、放线菌门以及芽孢杆菌等(Hirsch 等 1983,1992)。分离株多样性在同一含水层的不同钻孔中以及不同深度上有所不同,这取决于物理化学条件(Kölbl-Boelke 等,1992)。总体而言,地下水中的土著微生物群落与地表环境中发现的微生物群落不同。

细菌总数与总大肠菌群在空间分布上具有相似性,总大肠菌群超标地区(Ⅳ 及 Ⅴ 类)细菌总数也普遍超标,特别是地下水总大肠菌群达到 Ⅴ 类水的地区(吉仁高勒镇胡格吉勒图嘎查),细菌总数也是 Ⅴ 类水。但是对比而言,西乌旗地下水细菌总数超标情况明显较总大肠菌群超标情况严重,且总大肠菌群是细菌总数检测内容的一部分,在西乌旗等草原牧区二者污染原因相似,因此在本小结分析过程中,总大肠菌群将结合细菌总数一并分析。

西乌旗属于典型牧区,当地居民以畜牧业为生。有研究表明,在放牧草地生态系统中,牲畜取食植物养分的 60%~99% 会以排泄物的形式返还到草地土壤中,并使得排泄物斑块成为碳氮转化的重要场所。普通放牧牛平均每天排粪约 10~16 次,而放牧羊排粪频率相对较高,平均每天可达 19~26 次。牲畜粪便通常由水、未消化的牧草、动物新陈代谢产物、大量的微生物及其代谢产物等组成。牛羊粪便一方面携带大量微生物,另一方其有机质为微生物繁衍生长提供了基础。根据刘新民等人在锡盟白音锡勒牧场 2 块草场(分别放牧草原黄牛和绵羊)的实验研究(刘新民等,2011),羊粪和牛粪的年输入量分别约为 (17.8 ± 13.8) kg/hm^2 和 (365.6 ± 495.9) kg/hm^2,牛羊粪便分解 450 d 后,残留粪样中有机物浓度较鲜粪减少仅 14.46%(羊粪)和 48.78%(牛粪),2 种粪的残留粪块在草地中堆置时间至少可达 2 个生长季以上。

牛羊等畜禽粪便废弃物中含有大量的有机物,且存在大量细菌,比如大肠杆菌、沙门氏菌和金黄色葡萄球菌等,还有可能携带各种寄生虫卵,是造成严重的有机污染和生物污染的潜在污染源。牲畜粪便降解主要包括物理降解和生物降解两个过程。其中,物理降解主要是指由于降雨的机械打击和牲畜践踏等导致的斑块破碎,而生物降解主要是指由细菌、真菌、甲虫和蚯蚓等导致的粪便结构破坏和养分元素转化。微生物分解则通常发生在粪便降解、斑块被分散或者被降水淋洗的过程中。

牲畜粪便携带的细菌等病原体被输送到地表及地下水中并造成污染取决于许多因素,例如微生物的固有特性,包括细菌细胞特性、存活/灭活潜力和运动能力。运输的速度和效率取决于实际脱落的病原体数量、病原体从粪便中的释放速度,以及必要的水流等驱动因素的流动条件,如水力坡度、地形地貌(低洼地区越容易汇聚)、水流和靠近水资源的程度。微生物的释放是一个重要因素,因为它决定了病原体能否迁移到水环境中。在降水过程中,膳食纤维、微生物、生物聚合物和异质基质成分等会从牛羊粪便或者土壤中迁移,从而产生微生物释放。初始浓度越高,微生物越有可能被迁移。

降水是浅层地下水最主要的补给来源。浅层土壤孔隙水直接接受大气降水的补给,降水下渗过程中溶解或者携带的物质成分对浅层土壤空隙水影响强烈。高强度降水事件会增加牛羊等粪便中微生物释放率。如果降雨强度超过土壤的入渗率,或者土壤湿度已达到田间持水量,就会发生地表水流,从而提高微生物以及可供微生物生长繁殖的营养成分迁移到地表水的潜力,反之提高微生物以及可供微生物生长繁殖的营养成分迁移到浅层地下水的潜力。地表水中微生物以及可供微生物生长繁殖的营养成分也有可能进入地下水中。一般浅层地下水比深层地下水含菌数量多,特别是在人畜密度较大、活动频繁的区域,菌落总数等微生物指标问题更为明显。

根据《锡林郭勒盟统计年鉴(2023)》,西乌旗在2022年6月末家畜总头数为231.79万头,其中家畜还包括猫、骆驼、驴等。浅层地下水中微生物以及有机质的含量变化很快,特别是降雨可以大大增加水源水中微生物的污染程度。因此,在畜牧业不断发展的背景下,大量牲畜排泄物不能及时清理,在夏季雨水浸泡淋滤以及蚊虫和微生物等综合作用下滋生大量细菌,这是西乌旗地区地下水中细菌总数超标的重要原因。此外,动物粪便也是地下水感官指标(嗅、味、色等)指标超标的主要原因,例如粪便自身的恶臭主要来源于饲料中蛋白质的代谢终产物,或粪便中代谢产物和残留养分经细菌分解产生的恶臭物质,包括氨、硫化氢、吲哚、硫醇等,这些恶臭来源的物质污染地下水以后,也会导致地下水出现感官指标状况的恶化。

2. 重点区微生物超标原因

西乌旗细菌总数以及总大肠杆菌污染最严重的地区(Ⅴ类水质)主要分布在西乌旗北部和西部地势低洼的汇水盆地内(见图6.5-1)。

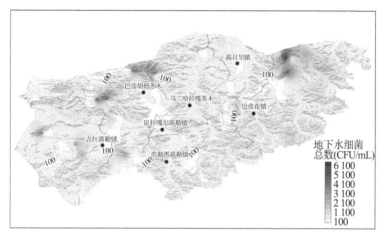

图 6.5-1　西乌旗地下水微生物(细菌总数)分布地势图

西乌旗地表水和地下水主要是由南向北流动,南部山区地下水补给和径流速度快(更新快),不利于微生物繁殖。但是到西乌旗北部以及西部,地势趋于平坦,地下水径流速度减慢,更有利于微生物繁殖。特别是在一些汇水的低洼盆地,大气降水携带盆地边缘牛羊粪便及其细菌等微生物到达盆地中央,然后通过蒸发以及垂直下渗补给地下水等方式排泄。盆地中央地下水更新速率都非常缓慢,携带大量有机质以及细菌等微生物大气降水不断进入浅层地下水,地下水径流慢加剧了细菌繁殖,导致这些低洼盆地微生物污染最为严重,而且盆地越大,盆地中央地下水污染程度可能更高,详见图6.5-2。

3. 迁移与转化

细菌等生物体很大程度上是随着水分等介质在地下水岩土体孔隙中迁移的。细菌从固体基质的脱离、在新栖息地的固定以及随后的繁殖可能部分由细胞自身的运动和生理行为控制。迁移后的细菌一旦附着在固体基质上,细菌就受到水动力边界层的保护,免受移动相的拖拽力影响,这层通常是扩散受限的,并且随着流速的不同而在深度上变化(Lawrence 等 1987;Silvester 等,1985)。

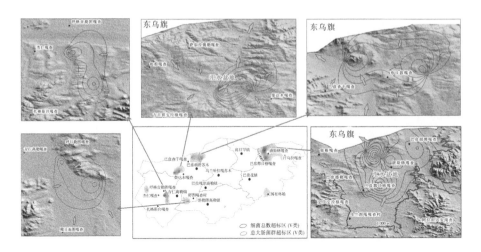

图 6.5-2　西乌旗地下水微生物超标（Ⅴ类）成因示意图

胶体粒子迁移一般是从高密度区域扩散到低密度区域，另外在岩土体孔隙通道中的机械混合影响下也会扩散开来。在复杂动力学等因素综合作用下，不同细胞移动速度差异较大。直径大于 $1\ \mu m$ 的细胞也可能在砂质和壤土质土壤的细小孔隙中被机械堵塞，而对于在饱和土壤中常见的较小的细胞，其容易吸附到固体颗粒表面进而影响扩散过程（Corapcioglu 等，1984；Harvey 等，1989；Balkwill 等，1985）。土壤和细胞表面的物理及化学特性均促进了吸附过程，还减缓了细胞的移动。此外，黏土含量（Bitton 等，1974；Hagedorn 等，1978）、孔隙水 pH 低和阳离子强度高，也都可以促进固相颗粒对细菌等的吸附。细菌在水和固相之间的分布可以通过吸附等温线实验活动，其经验公式是由体积密度、孔隙度等参数确定。介质环境中有机碳或者无机碳含量少，细菌滞留时间短，反之滞留时间长。在未受污染的地下水中，细菌的代谢活跃性差，而生活和生产污废水中细菌的代谢活跃性强（Matthess 等，1981）。

　　国内相关研究表明，浅层地下水 pH 对微生物含量的影响符合二次抛物线特征，即在 pH 为 7.33 时，细菌总数含量最高；pH＜ 7.33 时，pH 值与细菌总数呈正相关；pH＞7.33 时，pH 值与细菌总数呈负相关。在 pH 为 7.89 时，总大肠菌群含量最高；pH＜ 7.89 时，pH 值与总大肠菌群呈正相关；pH＞7.89 时，pH 与总大肠菌群呈负相关（陈建安等，2000）。

　　在时间尺度上，海洋与湖泊中的细菌群落表现出一定季节变化规律（Shade 等，2007；Shade 等，2013），而溪流中的浮游细菌群落并不表现出季节性模式

(Portillo 等,2012)。短期(< 1 年)研究表明,地下水微生物组随着地下水化学成分和补给事件的变化而呈现季节性动态(Lin 等,2012;Zelaya 等,2019)。很可能,渗透层的地表连接性、岩石类型和孔隙度都会影响观察到的时序变异量。尤其是近地表的地下水可能携带时间明显不同的微生物群落,从而影响其生态系统功能。

研究区地下水中细菌总数等微生物指标的空间差异性一方面与牛羊粪便和尿液滋生细菌相关,另一方面也与地下水迁移路径及能力、岩土体介质的结构和构造、水中细菌繁衍所需的营养成分多寡以及水温及 pH 等水环境因子相关。相关研究涉及多个学科,且相关基础理论以及调查和基础数据缺乏,后期应该加强相关研究,保障牧区分散取用水户用水安全。

6.5.2　耗氧量超标原因分析

地下水中的氧气补给和消耗是地下水化学和微生物学研究的重要部分。氧气在地下水中的补给主要来源于大气和土壤层中的氧气,通过渗透和扩散作用进入地下水。水分子中含有氧原子,但这种氧并不是生活在自然水域中的水生生物所需要的。水中溶解着少量的氧,每百万水分子中最多约有 10 个左右氧分子。地下水中氧的消耗则主要是通过生物化学反应,包括微生物的呼吸作用以及某些地球化学过程。例如水中溶解氧被鱼类和浮游动物等呼吸,是它们生存所必需的。耗氧量是 1 升水中还原性物质在一定条件下被氧化时所消耗的氧毫克数,是水质分析中一项有机物综合指标,可以间接地反映水中还原性物质的相对含量,是水体被污染的标志之一。一些地球化学过程也需要水中溶解氧的参与。水中的还原性物质有各种有机物、亚硝酸盐、硫化物、亚铁盐等,但主要是有机物。这些还原性物质再氧化过程中会消耗溶解氧。

一般情况下,导致地下水耗氧量异常的原因有三个,其一是随着物质生活水平的大幅提高,工业的迅速发展,生活生产所产生的废水排放到自然界的水体中,使得水体中的还原性污染物增加;其二,水中的微生物生长需要溶解氧分,过量微生物生长的水体当中耗氧量也会增加;其三,水中的还原性物质含量较高,例如各种有机物、亚硝酸盐、硫化物、亚铁盐等。研究区位于乌珠穆沁草原区,主要的耗氧量超标的地下水分布在人烟稀少的西乌旗北部和西北部,无生产和生活污废水大量排放。耗氧量异常地下水样品点分布在研究区西北部和北部,无大型城镇和工业园区,所以研究区地下水耗氧量异常非人类活动导致。从空间分布情况来看,耗氧量与总大肠菌群的污染分布范围相似(Ⅳ类及以上地下水),但二者污染范围远小于细菌总数的污染范围。此外,西乌旗地下水中耗氧量与总大肠菌群污染最主要的区域(Ⅴ类水)都只有一处,且均为吉仁高勒镇杰仁嘎查和呼格吉勒图嘎查,该地区同时也是细菌总数污染最严重地区之一。因此西乌旗地下水中耗氧量异常主要是由于微生物超标导致。国内江苏等地区的研究也表明耗氧量与菌落总数之间存在显著线性回归关系(于洋等,2012)。

西乌旗细菌总数超标范围远大于耗氧量超标范围(特别是Ⅴ类水)。这与西乌旗地下水径流以及排泄条件密切相关。一般而言,湍急的地表水流(如山溪或大河中的水流)或者与大气连通性较好的地下水往往含有大量溶解氧,而地表死水或者地下径流不畅的地下水中的溶解氧则较少,水中的细菌会随着有机物的腐烂而消耗氧气。因此西乌旗耗氧量超标异常区(特别是Ⅴ类水)是多种原因叠加导致的。首先牛羊粪便等产生大量细菌以及还原性物质是地下水耗氧量异常的根本原因;其次,地下水在径流缓慢易汇水的西乌旗北部和西北部(平原区及汇水盆地)更容易聚集(产生)微生物以及还原性物质,导致耗氧量污染最明显的区域集中在这些地区;最后居民区或者牧户卫生状况不佳也是地下水耗氧量异常的重要原因之一。

第 7 章

地下水污染治理

7.1　无机盐

西乌旗地下水中无机盐的主要成分是钙、镁、钠的盐类。对那些缺乏钙和镁的人来说,饮用水可作为补充钙和镁的主要来源。根据世卫组织的相关报告,由于人体摄入矿物质量取决于很多因素,目前没有足够证据表明,饮用水中矿物质有造成人体健康影响的最低或是最高的浓度阈值,且尚未形成统一科学的准则值。但是水中无机盐类增加,会导致水口感(苦涩)变差,另外也容易导致水管、热水器等产生大量沉淀。

蒸馏法和膜法淡化技术(反渗透以及电渗析)是目前针对高盐分苦咸水的主要处理技术。通过蒸馏法处理苦咸水具有能耗较高、设备投资巨大等显著缺点,现在应用较少(陈维利等,2012)。反渗透技术具有分离效率高、出水水质好等优点,在苦咸水淡化领域已经实现了大规模应用(董林等,2022)。本次调查的研究区位于内蒙古草原腹地,地域广袤,人烟稀少,很难针对所有苦咸水用水户建立集中净水设备。尽管反渗透技术可以很好解决当地苦咸水问题,但是受经济、水安全认知、交通以及净水设备维护等一系列因素影响,先进的苦咸水处理技术在这一地区的普及率还有较大提升空间。

饮用水的总硬度是指水中钙、镁离子的总量,它包括暂时硬度和永久硬度,暂时硬度受热会形成沉淀(水垢)而被除去,具体原理为:水中所溶解的碳酸氢钙($Ca(HCO_3)_2$)和碳酸氢镁($Mg(HCO_3)_2$),在煮沸的过程中会变成碳酸钙($CaCO_3$)和氢氧化镁($Mg(OH)_2$),碳酸钙溶解度与温度成反比,95℃的条件下碳酸钙的溶解度仅为室温条件下的一半,这样就形成了水煮开后的水垢。因此,溶解性总固体以及总硬度作为感观性状和一般化学指标,其危害性相对较弱,而且可以通过加热等方式减少对人体的影响。因此,在尚未通过过滤、吸附、离子交换、蒸馏等方法处理苦咸水的地区,应该加强宣传教育,鼓励居民日常用水应烧开后使用。

7.2　铁

对人类自身而言,铁锰离子是人体所需的微量元素,但是当铁离子在人体内累积到一定程度会患血色病等(表现为糖尿病、心肌炎等)。此外,地下水中二价铁离子被空气氧化还原成三价铁并形成沉淀,使水体浑浊,伴有铁腥味,同时附着在衣物、洁具等需要水洗或冲刷的物体表面,形成棕黄色斑点,不易清除。

我国针对铁锰元素的水处理技术先后经历了自然氧化法、接触催化氧化法、生物法 3 个阶段(赵海华等,2014)。根据铁元素水化学性质及迁移规律可知,在地下水中+2 价铁离子,能够被氧化成高价态物质形成絮状沉淀。因此最适合西乌旗偏远牧区的去除地下水中铁锰等元素的方法是自然氧化法。净水厂完整的自然氧化法工艺包括曝气、氧化反应、沉淀、过滤等一系列流程。其中曝气是先使含铁地下水与空气充分接触,让空气中的氧气溶解于水中,同时大量地散除地下水中的 CO_2,以提高 pH。地下水经曝气后,pH 范围一般在 6.0~7.5,Fe^{2+} 氧化为 Fe^{3+} 并以 $Fe(OH)_3$ 形式析出,再通过沉淀、过滤得以去除,但除锰的 pH 需大于 9.5,此时需投加大量的碱石灰以保证锰的去除率。西乌旗地下水中锰超标情况较为轻微,因此可以简化上述流程。但应该注意的是三价铁絮体颗粒细小,需要选择合适的材料进行过滤。

接触氧化除铁机理是催化氧化反应。起催化作用的是滤料表面的铁质活性滤膜,水中的二价铁在吸附的氧气的参与下被催化氧化成高价态物质并截留于滤层中并附着于滤料表面上,不断更新活性氧化膜,大大加快氧化速度,具有不投药、简单曝气、流程短、出水水质好等优点(赵海华等,2014),但是相关处理技术适合集中式饮用水处理,不适合分散式取用水户。生物氧化除铁技术现在还并不完善外,处理过程中的影响因素也较为复杂,特别是针对铁锰含量高的地下水。

除以上方法以外,去除铁锰的方法还包括混凝沉淀过滤、离子交换法、化学沉淀(投入石灰等增加 pH)、反渗透法、氧化法(除上述自然氧化法以外,还有高锰酸钾氧化法)、微生物氧化法等。综合而言,大部分方法都需要专业的仪器设备以及技术人员操作,适合规模较大的集中饮用水工程。对于一般分散牧户的牛羊用水可尝试采用自然氧化法去除水体中的铁锰等金属元素,居民日常饮用水可使用具有反渗透技术的净水器净化。

7.3 氟化物

从地下水中去除氟化物涉及多种方法和技术,这些方法和技术针对的是特定的氟化物浓度水平和使用环境,且往往适合集中式净水处理设施。吸附法是目前饮用水除氟应用最广泛的方法,吸附剂的特性是决定除氟成本和效果的重要因素。目前常用的吸附剂包括活性金属氧化物、骨炭、泥土类吸附剂、沸石、生物质类吸附剂等。活性氧化铝除氟具有吸附容量高,处理费用低,运行稳定,易于再生等优点,但设备投资高,处理过程需要调节 pH,另外活性氧化铝中铝的流失,可能会成为影响人体健康的不利因素(赵海华等,2014)。与氧化铝相比,氧化镁除氟效果更好,处理成本更低,但该方法易使出水总硬度和 pH 升高,且氧化镁再生复杂,限制了它的广泛使用(李永富等,2010)。γ—氧化铝在去除氟化物离子方面显示出高效性,显著优于活性炭,能去除高达 95.5% 的氟化物离子(Molina 等,2016)。

混凝沉淀法原理是向含氟水中加入 Fe^{3+}、Fe^{2+}、Al^{3+} 等离子型混凝剂,在适当 pH 条件下形成氢氧化物胶体,吸附水中的氟离子后共沉淀析出。常用的混凝剂主要有硫酸铝、聚合硫酸铝、聚合氯化铝、聚合硫酸铁、硫酸铝钾等。不同混凝剂应用范围和性能不同,对地下水的处理效果有差异。最新研究表明,使用混合铝铁电极的电絮凝技术可以同时从深井水中去除砷、氟化物和水合二氧化硅(Castañeda 等,2022)。

对于发展中国家,纳尔贡达法(Nalgonda)是广泛使用且成本效益高的水脱氟技术(Ahmad 等,2022)。该方法的核心思路是通过吸附硫酸铝沉淀去除氟化物,具体来说将硫酸铝添加到一批氟化水中,然后混合溶液并让其沉淀。然而,这种方法要求硫酸铝的浓度必须很高,这会导致产生的污泥量很大,而且处理过的水中硫酸盐浓度升高(Fawell,2006)。现在也有一些改进方法,例如使用聚合氯化铝和连续流反应器来大幅降低纳尔贡达法所需的化学浓度。

在探索替代材料方面,因木质纤维素生物质具有可持续性和环境友好性,被认为是一种有前途的替代材料,用于从饮用水中去除氟化物(Adriana Robledo-Peralta 等,2022)。另一种创新方法是使用来源于入侵性水生物种的骨炭作为绿色吸附剂,具备有效去除饮用水中氟化物的潜力(Cruz-Briano 等,2021)。

现有的氟化物去除技术是基于离子交换、吸附、沉淀、反渗透和电渗析等,大多数方法的净化成本昂贵,或者在氟化物浓度较高时无效(Singh 等,1999),尚缺少适合内蒙古偏远牧区以家庭为单位的饮用水除氟技术,建议从吸附法入手,开展专项研究,筛选来源可靠且价格低廉的吸附剂除氟。

7.4 硝酸盐与亚硝酸盐

从水中去除硝酸盐和亚硝酸盐是确保水安全和水质的关键过程,这关系到氮化合物污染所带来的环境和健康问题。为了有效减少污废水和自然水体中硝酸盐和亚硝酸盐的含量,世界各地已经开发和探索了各种方法和技术。

生物技术处理方法因其在减少水处理过程中氮化合物含量的潜力而受到关注。例如,穆斯坦西里亚大学工程学院的研究报道了使用级联曝气和生物过滤组合技术,硝酸盐和亚硝酸盐的平均去除率分别为 $59\%\sim74\%$ 和 $79\%\sim98\%$。异养反硝化法显示出了高效的硝酸盐去除能力,一些研究在使用活性污泥细菌的反硝化反应器中,8 小时处理后达到了高达 99.42% 的硝酸盐去除率(Amarine 等,2022)。生物反硝化法是具有潜力的饮用水脱氮方法,但是目前工艺复杂,不适合在人烟稀少的草原牧区大规模推广应用。

化学反硝化法是利用一定的还原剂将地下水中的硝酸盐还原为氮气或铵根离子的过程,需要通过活泼金属(铁、铝、镉等)反硝化和催化反硝化,例如在加热条件下使用硫酸铁还原亚硝酸盐为氮气或者铵态氮(杨家澍等,2002)。

物化法又包含反渗透法和电渗析法、离子交换法等,各种方法的优缺点不同。反渗透膜不但能够去除硝酸盐和亚硝酸盐,还对其他无机盐有很好的净化作用。电渗析法是以离子交换膜为分离介质,以直流电场作为驱动力,有效去除水体中硝酸盐、氟化物等无机盐的方法。适合多项无机盐指标超标的地下水净化处理(涂丛慧等,2009)。离子交换法去除硝酸盐是借助于阴离子交换树脂中的氯离子与硝酸根离子进行阴离子交换而完成的。阴离子交换树脂的选取是该方法去除硝酸盐效益的关键。

综上所述,目前生物反硝化法和化学反硝化法适合集中供水,不适用于农村饮用水小规模、分散性的给水处理;物化法虽然适合西乌旗分散牧户处理硝酸盐超标问题,但是也存在成本较高、维护难等问题。

7.5 氨氮

氨氮中未电离的氨在正常自然水域中只占一小部分,但当其浓度超过一定限度时,就会对水生生物产生毒性。目前水中氨氮去除的方法包括沸石离子交换、反渗透、氧化法和空气吹脱法等。沸石可在水溶液中进行可逆的阳离子交换反应，其理论交换容量可达 213 mg/100 g（张昕等，2011），对阳离子交换的能力顺序为 $Cs^+ > Rb^+ > K^+ > NH_4^+ > Ba^{2+} > Sr^{2+} > Na^+ > Ca^{2+} > Fe^{3+} > Al^{3+} > Mg^{2+} > Li^+$（佘振宝，2013）。沸石离子交换法就是利用了沸石对 NH_4^+ 离子交换作用来达到去除水中氨氮的目的。沸石化学性质稳定，不易造成二次污染。反渗透、氧化法和空气吹脱法等虽然对于去除水中氨氮也有效，但工艺相对复杂、成本昂贵（Lytle 等，2013）。另外近些年提出的生物除氨是依靠亚硝化单胞菌和亚硝化细菌等将氨氮转化为硝酸根离子，该方法目前也没有达到大规模应用的阶段。综合来看，对于乌珠穆沁草原分散牧户而言，如果地下水中氨氮超标严重，可以考虑通过沸石离子交换法去除水中氨氮，以保障人畜饮水安全。对于地下水氨氮含量超标情况轻微的牧户，可以考虑通过市场上净水设备（反渗透法）净化人饮水。此外，煮沸虽然并不能完全去除氨氮，但可以去除水中氨气（NH_3），进而降低氨氮含量。因此，不具备净水条件的牧户应该饮用煮沸后的地下水。

7.6　微生物

在天然条件下，Novarino 等人（1997）对含水层中的原生动物群落进行了研究，发现在未受污染的原始地点，原生动物的密度很低，但受污染后，密度会增加几个数量级，原生动物群落通常以体型相对较小的异养鞭毛虫为主（2～3 μm，Novarino 等，1997），鞭毛虫的食菌性是控制有机污染含水层中自由生活细菌的重要因素（Kinner 等，1997）。如果污染严重，鞭毛虫等微生物的食菌性不能满足水质安全，那么就需要人工干预净化水体。

沸水通过利用热量破坏结构成分和破坏基本生命过程（如蛋白质变性）来杀死病毒、细菌、原生动物和其他病原体或使其失活。饮用水煮沸或者取用地下水高温烹制食物属于巴氏杀菌（杀死对人体有害的病原体等微生物）的一种。要使巴氏杀菌有效，必须将水或食物加热到至少能杀死相关生物的巴氏杀菌温度，并在规定的时间间隔内保持该温度。例如牛奶通常在 65℃ 的温度进行巴氏杀菌 30 秒，或 138℃ 的温度进行巴氏杀菌至少两秒。在水中，原生动物孢囊在低至 55℃ 的温度下即可开始巴氏杀菌，加热至 72℃ 1 分钟和 62℃ 2 分钟后可以有效杀菌。因此，对于偏远农牧户来说，巴氏杀菌是最简单有效的方法。

但是在高温杀菌的同时，还应该从以下几方面加强环境保护。

1. 牛羊及其粪便合理管理

牛羊等动物粪便是造成西乌旗地下水氮、磷、病原体等多种成分超标的潜在污染源。病原体等微生物可以从经粪便改良的土壤中传播到地下水中，进而到达动物和人类体内，影响人畜生命健康以及食物安全。

鼓励农牧民建立底部为混凝土等防渗材料（或黏土垫层）、四周具有挡墙、开放式棚顶的牛羊粪便存放仓。牛羊圈及牛羊粪便存放仓的位置最好选在地下水井斜下方（地势低于水井位置且不会造成积水），与水井的距离应在 30 m以上。严禁在容易发生洪水的区域、河道、汇水洼地、集中水源地附近建设牛羊圈或者堆肥动物排泄物。

短期内无法构建具有防渗功能的牛羊圈以及粪便存储仓时，至少应该压实牛羊圈以及储仓底部土壤，特别是雨季以及春天冰雪消融时期需要做好防渗措施。废弃的牛羊圈以及粪堆应该及时清除。

2. 发展堆肥技术改善草原土壤

堆肥技术包括将粪便从牲畜饲养区移出后堆放在上述具有防渗功能的存放仓。堆肥是一种基于热破坏将有机废物（最常见的是粪便）转化为生物稳定的腐殖质材料来回收的过程，这些腐殖质材料可作为有价值的土壤改良剂。在堆肥过程中，需要仔细监测堆肥堆的温度变化。定期翻转堆放的粪便，以保持最佳通风，并确保堆肥的所有区域在 3 天或更长时间内达到至少 55～65℃。不翻动的粪堆，虽然堆内的热量会上升，但热量并不均匀，因此病原体有可能在热量未达到的区域存活，尤其是在堆的外壳附近。

该过程基于热破坏，因此可以有效灭活大多数公共卫生相关病原体（Bernal 等人，2017）。它涉及三个不同的阶段：嗜温阶段、嗜热阶段（这是活跃的堆肥阶段，在此期间常见的肠道病原体变性）和以温度逐渐降低为特征的固化阶段（Fremaux 等，2008）。

不具备上述条件的地区可以考虑建设护堤、沟渠和排水沟等将地表径流引流或者与牛羊粪便密集区分离。

3. 其他辅助措施

控制草场中啮齿动物、昆虫和鸟类等病原体的媒介，特别是牛羊圈及堆肥场地。安装栅栏、稻草人、反光带和陷阱尽可能限制这些传播媒介的进入，避免为由牛羊粪便引发的病原体建立新的迁移廊道。

第 8 章

参考文献

［ 1 ］ AHMAD S, SINGH R, ARFIN T, et al. Fluoride contamination, consequences and removal techniques in water: a review ［J］. Environmental Science: Advances, 2022, 1(5): 620-661.

［ 2 ］ AJAYI V O, ILORI O W. Projected drought events over West Africa using RCA4 regional climate mode［J］. Earth System Environment, 2020, 4:329-348.

［ 3 ］ ALI S, THAKUR S K, SARKAR A, et al. Worldwide contamination of water by fluoride［J］. Environmental Chemistry Letters, 2016, 14: 291-315.

［ 4 ］ AMARINE M, JERROUMI S, LEKHLIF B, et al. Nitrate removal from groundwater using an activated sludge as a source of bacteria［J］. Water Quality Research Journal, 2022, 57(3):165-176.

［ 5 ］ APPELO C J A, POSTMA D. Geochemistry, Groundwater and Pollution. ［M］. 2nd ed. Rotterdam: Balkema, 2005.

［ 6 ］ AYOOB S, GUPTA A K. Fluoride in drinking water: a review on the status and stress effects［J］. Critical Reviews in Environmental Science and Technology, 2006, 36(6):433-487.

［ 7 ］ BALKWILL D L, GHIORSE W C. Characterization of subsurface bacteria associated with two shallow aquifers in Oklahoma［J］. Applied and Environmental Microbiology, 1985, 50:580-588.

［ 8 ］ BEESON S, COOK M C. Nitrate in groundwater: a water company perspective ［J］. Quarterly Journal of Engineering Geology and Hydrogeology, 2004, 37(4):261-270.

［ 9 ］ BITTON G, LAHAV N, HENIS Y. Movement and retention of Klebsiella aerogenes in soil columns［J］. Plant and Soil, 1974, 40: 373-380.

［10］ BONE T L, BALKWILL D L. Morphological and cultural comparison of microorganisms in surface soil and subsurface sediments at a pristine study site in Oklahoma［J］. Microbial Ecology, 1988, 16:49-64.

［11］ BOUCHARD D C, WILLIAMS M K, SURAMPALLI R Y. Nitrate contamination of groundwater: sources and potential health effects［J］.

American Water Works Association，1992，84(9):85-90.

[12] BOYCE J S, MUIR J, EDWARDS A P, et al. Geologic nitrogen in Pleistocene loess of Nebraska[J]. American Society of Agronomy, Crop Science Society of America, and Soil Science Society of America, 1976,5(1):93-96.

[13] BROWN C F, BRUMBY S P, GUZDER W B, et al. Dynamic World, Near real-time global 10 m land use land cover mapping[J]. Scientific Data, 2022, 9(1):251.

[14] BURDEN R J. Nitrate contamination of New Zealand aquifers: a review [J]. New Zealand Journal of Science, 1982, 25(3).

[15] CANFIELD D E, GLAZER A N, FALKOWSKI P G. The evolution and future of Earth's nitrogen cycle[J]. Science, 2010, 330 (6001): 192-196.

[16] CASTAÑEDA L F , COREÑO O , NAVA J L. Simultaneous removal of arsenic, fluoride, and hydrated silica from deep well water by electrocoagulation using hybrid Al-Fe electrodes[J]. Process Safety and Environmental Protection，2022，166:290-298.

[17] CHEBOTAREV I I. Metamorphism of natural waters in the crust of weathering—1[J]. Geochimica et Cosmochimica Acta，1955，8(1-2): 22-48.

[18] CLEVELAND R B, CLEVELAND W S , MCRAE J E, et al. STL: A seasonal-trend decomposition[J]. Off. Stat, 1990, 6(1):3-73.

[19] CORAPCIOGLU M Y, HARIDAS A. Transport and fate of microorganisms in porous media: a theoretical investigation[J]. Journal of Hydrology, 1984, 72(1-2):149-169.

[20] CRUZ-BRIANO S A, MEDELLÍN-CASTILLO N A, TORRES-DOSAL A, et al. Bone char from an invasive aquatic specie as a green adsorbent for fluoride removal in drinking water[J]. Water, Air & Soil Pollution, 2021, 232(9):346.

[21] DORTCH Q. The interaction between ammonium and nitrate uptake in phytoplankton[J]. Marine Ecology Progress Series, 1990, 61 (1):

183-201.

[22] ERICKSON R J. An evaluation of mathematical models for the effects of pH and temperature on ammonia toxicity to aquatic organisms[J]. Water Research, 1985, 19(8):1047-1058.

[23] FAUST S D , ALY O M. Chemistry of water treatment[M]. Florida: CRC Press, 2018.

[24] FREEZE R A, CHERRY J A. Groundwater[M]. 2nd ed. London: Prentice Hall,1979:604.

[25] GUO Q, WANG Y, MA T, et al. Geochemical processes controlling the elevated fluoride concentrations in groundwaters of the Taiyuan Basin, Northern China[J]. Journal of Geochemical Exploration, 2007, 93(1):1-12.

[26] HAGEDORN C, HANSEN D T, SIMONSON G H. Survival and movement of fecal indicator bacteria in soil under conditions of saturated flow [J]. American Society of Agronomy, Crop Science Society of America, and Soil Science Society of America,1978, 7(1): 55-59.

[27] HARVEY R W, GEORGE L H, SMITH R L, et al. Transport of microspheres and indigenous bacteria through a sandy aquifer: results of natural-and forced-gradient tracer experiments[J]. Environmental Science & Technology, 1989, 23(1):51-56.

[28] HAYNES R J , WILLIAMS P H. Nutrient cycling and soil fertility in the grazed pasture ecosystem[J]. Advances in Agronomy, 1993, 49: 119-199.

[29] HE X, LI P, JI Y, et al. Groundwater arsenic and fluoride and associated arsenicosis and fluorosis in China: occurrence, distribution and management[J]. Exposure and Health, 2020, 12(3):355-368.

[30] HIRSCH P, RADES-ROHKOHL E. Microbial diversity in a groundwater aquifer in northern Germany[J]. Microbiology, 1983, 24: 183-200.

[31] HIRSCH P, RADES-ROHKOHL E. The natural microflora of the

Segeberger Forst aquifer system. [M]. MATTHESS G，FRIMMEL F H，HIRSCH H. Progress in Hydrogeochemistry. Berlin：Springer Verlag，1992：390-412.

[32] HIRSCH P. Observations on the physiology of microorganisms from pristine ground water environments[M]//MATTHESS G，FRIMMEL F H，HIRSCH P. Progress in Hydrogeochemistry. Berlin：Springer Verlag，1992：344-347.

[33] HIRSCH P. Microbiology-introduction[M]// MATTHESS G，FRIMMEL F H，HIRSCH P. Progress in Hydrogeochemistry. Berlin：Springer Verlag，1992：308-311.

[34] HOOS E，SCHWEISFURTH R. Untersuchungen u̇ber die Verteilung von Bakterien von 10 bis 90 Meter unter Bodenoberkante[J]. Vom Wasser，1982，58：103-112.

[35] ISLAM M S ，MOSTAFA M G. Meta-analysis and risk assessment of fluoride contamination in groundwater [J]. Water Environment Research，2021，93(8)：1194-1216.

[36] KENDALL M G. Rank Correlation Methods [M]. London：Charles Griffin，1975.

[37] KINNER N E，HARVEY R W，KAZMIERKIEWICZ-TABAKA M. Effect of flagellates on free-living bacterial abundance in an organically contaminated aquifer[J]. FEMS Microbiology Reviews，1997，20(3-4)：249-259.

[38] KÖLBL-BOELKE J， NEHRKORN A. Heterotrophic bacterial communities in the Bocholt aquifer system [M]//MATTHESS G，FRIMMEL F H，HIRSCH H. Progress in Hydrogeochemistry. Berlin：Springer Verlag，1992：378-390.

[39] LAWRENCE J R，DELAQUIS P J ，KORBER D R，et al. Behavior of Pseudomonas fluorescens within the hydrodynamic boundary layers of surface microenvironments[J]. Microbial Ecology，1987，14：1-14.

[40] LIN K，ZHU Y，ZHANG Y，et al. Determination of ammonia nitrogen in natural waters：Recent advances and applications[J]. Trends in

Environmental Analytical Chemistry，2019，24.

[41] LIN X，MCKINLEY J，RESCH C T，et al. Spatial and temporal dynamics of the microbial community in the Hanford unconfined aquifer [J]. The ISME Journal，2012，6(9):1665-1676.

[42] LYTLE D A，WHITE C，WILLIAMS D，et al. Innovative biological water treatment for the removal of elevated ammonia[J]. Journal American Water Works Association，2013，105(9):524-539.

[43] MATTHESS G，PEKDEGER A. Concepts of a survival and transport model of pathogenic bacteria and viruses in groundwater[J]. Science of the Total Environment，1981，21:149-159.

[44] NORDSTROM D K. ，ALPERS C N. Geochemistry of acid mine waters [J]. The environmental geochemistry of mineral deposits，1999,6:133-160.

[45] NOVARINO G，WARREN A，BUTLER H. Protistan communities in aquifers: a review[J]. FEMS Microbiology Reviews，1997，20(3-4): 261-275.

[46] PIPER A M. A Graphic Procedure in the Chemical Interpretation of Water Analysis [J]. US Geological Survey Groundwater Note，1953，12.

[47] PODGORSKI J，BERG M. Global analysis and prediction of fluoride in groundwater[J]. Nature Communications，2022，13(1):4232.

[48] PORTILLO M C，ANDERSON S P，FIERER N. Temporal variability in the diversity and composition of stream bacterioplankton communities [J]. Environmental Microbiology，2012，14(9):2417-2428.

[49] RAJU N J. Iron contamination in groundwater: A case from Tirumala-Tirupati environs，India[J]. The Researcher，2006，1(1):28-31.

[50] RIVETT M O，BUSS S R，MORGAN P，et al. Nitrate attenuation in groundwater: a review of biogeochemical controlling processes[J]. Water Research，2008，42(16):4215-4232.

[51] ROBLEDO-PERALTA A，TORRES-CASTAÑÓN L A，RODRÍGUEZ-BELTRÁN R I，et al. Lignocellulosic biomass as sorbent for fluoride

removal in drinking water[J]. Polymers, 2022, 14(23):5219.

[52] ROY S, SPEED C, BENNIE J, SWIFT R, et al. Identifying the significant factors that influence temporal and spatial trends in nitrate concentrations in the Dorset and Hampshire Basin Chalk aquifer of Southern England[J]. Quarterly Journal of Engineering Geology and Hydrogeology, 2007, 40(4):377-392.

[53] SALEHI S, DEHGHANI M, MORTAZAVI S M, et al. Trend analysis and change point detection of seasonal and annual precipitation in Iran [J]. International Journal of Climatology, 2020, 40(1):308-323.

[54] SARKAR A, SHEKHAR S. Iron contamination in the waters of Upper Yamuna basin[J]. Groundwater for Sustainable Development, 2018, 7:421-429.

[55] SAXENA V, AHMED S. Inferring the chemical parameters for the dissolution of fluoride in groundwater[J]. Environmental Geology, 2003, 43:731-736.

[56] SELBIE D R, BUCKTHOUGHT L E, SHEPHERD M A. The challenge of the urine patch for managing nitrogen in grazed pasture systems[J]. Advances in Agronomy, 2015, 129:229-292.

[57] SEN P K. Estimates of the regression coefficient based on Kendall's tau [J]. Journal of the American Statistical Association, 1968, 63(324): 1379-1389.

[58] SHADE A, GREGORY CAPORASO J, HANDELSMAN J, et al. A meta-analysis of changes in bacterial and archaeal communities with time[J]. The ISME Journal, 2013, 7(8):1493-1506.

[59] SHADE A, KENT A D, JONES S E, et al. Interannual dynamics and phenology of bacterial communities in a eutrophic lake[J]. Limnology and Oceanography, 2007, 52(2):487-494.

[60] SILVESTER N R, SLEIGH M A. The forces on microorganisms at surfaces in flowing water[J]. Freshwater Biology, 1985, 15(4): 433-448.

[61] SINGER P C, STUMM W. Acidic mine drainage: the rate-determining

step[J]. Science, 1970, 167(3921):1121-1123.

[62] SINGH G, KUMAR B, SEN P K., et al. Removal of fluoride from spent pot liner leachate using ion exchange[J]. Water Environment Research, 1999, 71(1):36-42.

[63] SPALDING R F, EXNER M E. Occurrence of nitrate in groundwater—a review[J]. Journal of Environmental Quality, 1993, 22(3): 392-402.

[64] STRATHOUSE S M, SPOSITO G, SULLIVAN P J, et al. Geologic nitrogen: a potential geochemical hazard in the San Joaquin Valley, California[J]. Journal of Environmental Quality, 1980, 9(1):54-60.

[65] STUMM W, MORGAN J J. Aquatic chemistry: chemical equilibria and rates in natural waters[M]. Hoboken:John Wiley & Sons, 1996.

[66] TUREKIAN K K, WEDEPOHL K H. Distribution of the elements in some major units of the earth's crust[J]. Geological Society of America Bulletin, 1961, 72(2):175-192.

[67] VICENTE-SERRANO S M, BEGUERÍA S, LÓPEZ-MORENO J I. A multiscalar drought index sensitive to global warming: the standardized precipitation evapotranspiration index[J]. Journal of Climate, 2010, 23(7):1696-1718.

[68] WEBER K A, ACHENBACH L A, COATES J D. Microorganisms pumping iron: anaerobic microbial iron oxidation and reduction[J]. Nature Reviews Microbiology, 2006, 4(10):752-764.

[69] WHEELER P A, KOKKINAKIS S A. Ammonium recycling limits nitrate use in the oceanic subarctic Pacific [J]. Limnology and Oceanography, 1990, 35(6):1267-1278.

[70] WOLTERS N, SCHWARTZ W. Untersuchungen u¨ber Vorkommen und Verhalten von Mikroorganismen in reinen Grundwa¨ssern[J]. Archiv fur Hydrobiologie, 1956, 51:500-541.

[71] XIA X, ZHANG S, LI S, et al. The cycle of nitrogen in river systems: sources, transformation, and flux [J]. Environmental Science: Processes & Impacts, 2018, 20(6):863-891.

[72] YUE S, WANG C Y. Applicability of prewhitening to eliminate the

influence of serial correlation on the Mann-Kendall test[J]. Water Resources Research，2002，38(6):1-4.

[73] ZELAYA A J，PARKER A E，BAILEY K L，et al. High spatiotemporal variability of bacterial diversity over short time scales with unique hydrochemical associations within a shallow aquifer[J]. Water Research，2019，164:114917.

[74] 陈建安,陈吉祥,张亚平,等.浅层地下水 pH 值与微生物含量关系的研究[J].中国初级卫生保健,2000(5):53-54.

[75] 陈维利,王建友,费兆辉,等.倒极电去离子苦咸水淡化技术的试验研究[J].水处理技术,2012,38(9)：38-42.

[76] 董林,陈青柏,王建友,等.电渗析苦咸水淡化技术研究进展[J].化工进展，2022,41(4):2102-2114.

[77] 郭宝萍,唐一清,方友春,等.北京市通州区农村地下水氨氮污染分析[J].现代预防医学,2007,34(6)：1088-1089.

[78] 郭立秋.科尔沁区地下水氨氮超标问题分析[J].内蒙古水利,2011 (3)：54-55.

[79] 李烨,李建民,潘涛.地下水氨氮污染及处理技术综述[J].环境工程,2011(S1):100-102.

[80] 李英杰,王金芳,董培培,等.内蒙古西乌旗米斯庙蛇绿岩的识别及其地质意义[J].岩石学报,2023,39(5):1305-1321.

[81] 李永富,孟范平,姚瑞华.饮用水除氟技术开发应用现状 [J].水处理技术,2010,36(7):10-3+19.

[82] 刘光栋,吴文良,刘仲兰,等.华北农业高产粮区地下水面源污染特征及环境影响研究——以山东省桓台县为例[J]. 中国生态农业学报（中英文），2005, 13(2):125-129.

[83] 刘新民,陈海燕,峥嵘,等.内蒙古典型草原羊粪和牛粪的分解特征[J].应用与环境生物学报,2011,17(6):791-796.

[84] 鲁文竹.内蒙古西乌珠穆沁旗草原生态保护调查[J].畜牧与饲料科学,2008(3):95-98.

[85] 佘振宝.沸石加工与应用[M].2 版.北京:化学工业出版社,2013.

[86] 涂丛慧,王晓琳.电渗析法去除水体中无机盐的研究进展[J]. 水处理技

术，2009,35(2):14-18.

[87] 王毅,张晓美,周宁芳,等.1990—2019 年全球气象水文灾害演变特征[J].
大气科学学报,2021,44(4):496-506.

[88] 王智慧,杨振宁,王志伟,等.内蒙古贺根山蛇绿岩地幔属性:来自方辉橄
榄岩元素地球化学和 Re-Os 同位素的制约[J].岩石学报,2023,39(5):
1322-1338.

[89] 杨家澍,王留成,李国顺等.水中亚硝酸盐净化处理研究进展[J].郑州大
学学报(工学版),2022,23(4):102-106.

[90] 于洋,郑浩,费娟,等.2009—2011 年江苏省农村饮用水浑浊度特征及其与
耗氧量、菌落总数的相关分析[J].江苏预防医学,2012,23(4):21-23.

[91] 张昕,塔娜.沸石在污水处理中的应用研究进展[J].工业水处理,2011,
31(7):13-17.

[92] 赵海华,袁建伟.含铁锰地下水处理技术展望[J].中国农村水利水电,
2014,(6):42-46.

[93] 郑小罗,李其超,姜浩等.基于多周期趋势分解和两级融合策略的浪高预
测方法[J].海洋科学进展,2023,41(3):466-476.